FORSCHUNGSBERICHTE DES LANDES NORDRHEIN-WESTFALEN

Nr. 1441

Herausgegeben

im Auftrage des Ministerpräsidenten Dr. Franz Meyers

von Staatssekretär Professor Dr. h. c. Dr. E. h. Leo Brandt

DK 666.951.2

Prof. Dr. phil. nat. habil. Hans-Ernst Schwiete
Dipl.-Chem. Petrus Kastanja
Dr.-Ing. Udo Ludwig

Institut für Gesteinshüttenkunde der Rhein.-Westf. Techn. Hochschule Aachen

Das mörteltechnische und chemische Verhalten verschiedener Trasse und Gesteinsmehle in Verbindung mit Kalk in wäßrigen Lösungen

WESTDEUTSCHER VERLAG · KÖLN UND OPLADEN 1965

ISBN 978-3-663-06014-7 ISBN 978-3-663-06927-0 (eBook)
DOI 10.1007/978-3-663-06927-0

Verlags-Nr. 011441

Gesamtherstellung: Westdeutscher Verlag

Inhalt

1. Einführung und Problemstellung

Die natürlichen Puzzolanen (Trasse) finden in der Bauindustrie auf Grund ihrer hydraulischen Eigenschaften vielfache Verwendung.

Schon den alten Römern war es bekannt, daß ein Zusatz von Puzzolanen zum gelöschten Kalk ein hydraulisches Bindemittel ergab.

Viele Bauwerke, insbesondere Wasserbauten, die unter Verwendung dieser Puzzolanen-Kalk-Mörtel erbaut wurden, sind heute noch ein Beweis der Baukunst im Altertum und der Haltbarkeit der verwendeten Bindemittel. Als Beispiel hierfür in unserer Gegend sei die noch heute zum Teil erhaltene Wasserleitung von Sötenich nach Köln genannt.

Es ist noch darauf hinzuweisen, daß die Kenntnisse der Römer über die Verwendung der Eifeltuffe zur Herstellung hydraulischer Bindemittel nach ihrem Rückzug aus Deutschland eine Zeitlang vollkommen in Vergessenheit geraten waren. Erst im späten Mittelalter wurden die Eifeltuffe wieder im Baugewerbe angewendet.

Nach HAMBLOCH [1] wurde im Jahre 1682 wieder mit der industriellen Ausbeutung der Trachyttuffe der Eifel begonnen.

Die hier kurz angedeutete Bedeutung des Trasses war der Anlaß, im Anschluß an die umfangreichen Untersuchungen von SCHWIETE und LUDWIG sowie SCHWIETE, LUDWIG und WIGGER [2, 3, 4, 5] weitere Kenntnisse über die Puzzolanen, besonders aber über den rheinischen Traß zu gewinnen.

Ziel dieser Arbeit ist es, die Festigkeiten sowie die Kalkbindung in Abhängigkeit von der Zeit an fünf verschiedenen Puzzolanen und drei Gesteinsmehlen zu untersuchen, darunter zwei deutsche und ein österreichischer Traß sowie zwei italienische Puzzolanerden. Vergleichsweise wurden ein Trachyt, ein Phonolith und ein Basaltmehl mit untersucht. Es ergab sich weiterhin die Aufgabe, die bei den Reaktionen zwischen den Gesteinsmehlen und dem Kalk entstehenden Hydratneubildungen zu identifizieren.

2. Rohstoffe

Im einzelnen sollten die Materialien auf ihre Kalkbindung und ihre Festigkeitsentwicklung in Normenmörteln untersucht werden.
Die in der Literatur gemachten Angaben über die Entstehung und die Zusammensetzung dieser Rohstoffe werden nachfolgend zusammengefaßt.
Der österreichische Traß entstammt nach GRAZ [6] einem Trachyt–Trachyandesit-Vulkanismus, dessen Zentrum die Gleichenberger Kogeln darstellen. Der Aufbau der Gleichenberger Kogeln zeigt mächtige Lavadecken, die durch wechselnd dicke Tufflagen voneinander getrennt sind.
Die Lagerstätten wurden von Spaltensystemen beliefert, die heute unter den Trachyten und Trachyandesiten verborgen sind. Gegen Ende der Ausbrüche bildete sich ein Spaltensystem heraus, welches in S–N- und senkrecht dazu in W–O-Richtung verläuft. Aus diesen Spalten kamen Aschen, Tuffe, Gas und Dampfausbrüche, während ein Teil der eruptionsbereiten Lavamassen samt ihren ungeheuren Gas- und Dampfgehalten tief in den Spalten blieb. Zu diesen Trassen gehört der österreichische Traß, der auch Gossendorfit genannt wird. Bei diesem Material handelt es sich um homogenes, splittrig brechendes Gestein, dessen Hauptbestandteil ein amorpher Opal ist.
Als Nebenbestandteile findet man Eisenhydroxide (Goethit) und Eisenoxide (Hämatit, Magnetit). Die wechselnde Konzentration dieser Oxide und die wechselnde Körnung bedingen die schönen Farben (gelb, orange, rot, violett) des an sich weißen Gesteins. Die chemische Zusammensetzung des österreichischen Trasses ist der Tab. 1 zu entnehmen, bei der es sich um eine Zusammenstellung von SCHWIETE und LUDWIG [2] handelt, die durch weitere Analysen vervollständigt wurde. Der hohe SO_3-Gehalt des österreichischen Trasses wird durch das Mineral Alunit bedingt, dessen Zusammensetzung der Formel $1/2\, K_2O \cdot 3\, Al_2O_3 \cdot 4\, SO_3 \cdot 6\, H_2O$ entspricht.
Der rheinische Traß sowie der Trachyt, Phonolith und der Basalt entstammen dem Eifelvulkanismus aus dem Gebiet des Laacher Sees.
Von VÖLZING [9] wurde angenommen, daß die Bildung der großen Tufflagerstätten des Laacher-See-Gebietes durch Absetzen von Glutwolken aus der Luft entstanden sind. Dabei versteht er unter Glutwolken Zusammenballungen feinster Magma-Teilchen, die beim Vulkanausbruch durch explosionsartiges Zerspratzen größerer flüssiger Lavafetzen gebildet wurden. Nach seiner Ansicht kamen zunächst im Laacher-See-Gebiet basaltische Laven und Tuffe zur Ablagerung. Bei späteren Eruptionen kamen dann phonolitische und trachytische Tuffe hinzu. Eine Übersicht über die Tufflagerstätten im Laacher-See-Gebiet zeigt die Abb. 1 [16].
FRECHEN und STRAKA [17] konnten durch Pollenanalyse das geologische Alter der Entstehung der Tuffstein- und Bimsablagerungen auf die Zeit 9000 v. Chr.

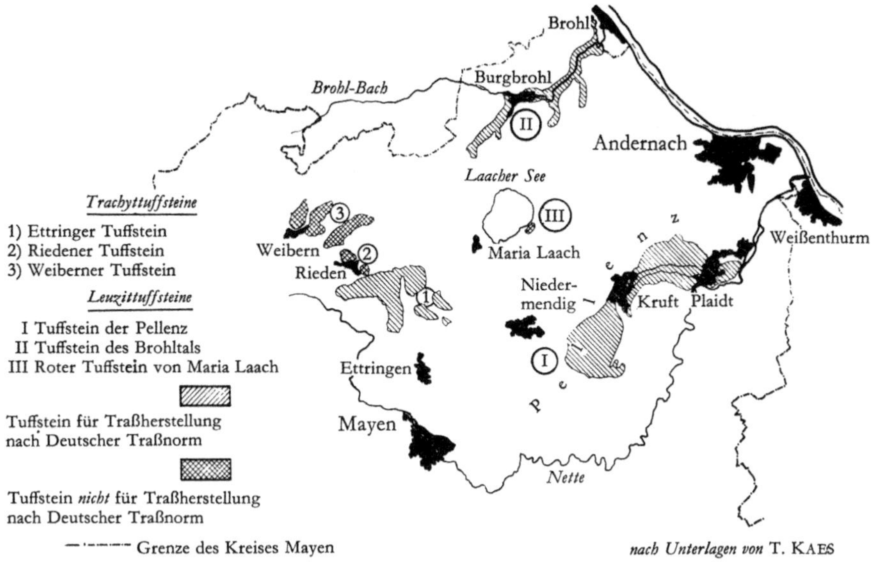

Abb. 1 Tufflagerstätten in der Eifel [16]

(nacheiszeitliche Tundrenzeit) festlegen. Als weiteres Alterskriterium dient die Tatsache, daß auf dem Martinsberg bei Andernach ein Rentierjägerlager aus dem Ende der Eiszeit von unberührten Bimssteinschichten überlagert gefunden wurde. Das heißt, daß die Ausbrüche frühestens am Ende der Eiszeit erfolgt sein können. Eine Gegenüberstellung der mineralogischen Zusammensetzung des rheinischen Trasses nach Untersuchungen von Völzing [9] und Tannhäuser [18] sowie nach Untersuchungen von Schwiete, Ludwig und Wigger [3], welche der Arbeit der letztgenannten Autoren entnommen wurde, gibt die folgende Tab. 1 wieder.

Tab. 1 Mineralkomponenten im rheinischen Traß

Nach	—		Quarz	Eigene Untersuchung
Völzing (1907)	Feldspat	⟷	Feldspat	
und	Hornblende	⟷	Hornblende	röntgenographisch
Tannhäuser (1911)	Augite	⟷	Augite	und mikroskopisch
	Apatit		—	
mikroskopisch	Titanit		—	
	Biotit	⟷	bzw. Muskowit	
	Hauyn		Chabasit	
	Nosean	⟷	Analzim	
	Sodalith		Hämatit	
	Magnetit		Cristobalit	
	—		Leuzit	
	—		Kaolinit	
	—		Illit	
	Glas (Grundmasse)	⟷	Glas	

Tab. 2 Analysen von Trassen und Puzzolanerden

	Nettet. Traß	Ettr. Traß	Brohl Traß	Tönissteiner Tuffe		Steirischer Traß rot	gelb	Handels-Traß	Bayrischer Traß		Puzzolanerde Segni	Pesole
Autoren	Hart [7]	Rodt [8]	Hart [7]	Völzing [9]	Bruhns [10]	Spalovski [11]			Schowalter [12]	Oberndörfer [13]	Sersale [14]	Scherillo [15]
Glühverlust	9,22	11,3	12,38	–	–	–	–	–	–	–	3,90	4,55
Trockenverlust	2,41	3,9	3,26	–	–	–	–	–	1,74	–	–	–
CO_2	–	0,7	0,52	–	–	–	–	–	–	3,65	–	–
Hydratw.	7,51	6,7	8,60	7,58	5,87	18,7	11,9	17,3	–	–	–	–
SiO_2	55,51	52,0	52,04	51,43	58,32	48,8	69,7	47,4	64,47	61,39	45,05	56,18
Al_2O_3	18,01		17,63	17,36	20,88	15,7	8,5	13,8	20,30	20,98	17,46	18,13
Fe_2O_3	4,03	23,0	3,77	5,43	4,15	7,3	2,0	3,9	4,59	4,15	8,73	4,89
TiO_2	0,68		–	0,76	–	–	–	–	–	0,56	–	0,45
CaO	2,35	4,5	4,55	2,20	2,19	1,1	1,1	0,5	2,23	1,87	10,02	3,85
MgO	1,77	2,0	1,72	2,82	1,10	0,0	0,4	0,5	0,30	Sp	4,10	1,12
SO_3	0,26	Sp	0,12	–	–	–	–	–	–	–	–	0,03
K_2O	5,39	7,2	7,27	4,22	3,91	–	–	–	4,21	4,67	6,67	7,45
Na_2O	1,89			4,28	4,11	–	–	–	3,34	3,36	2,22	3,61
Cl	0,03	–	Sp	–	–	–	–	–	–	–	–	–
Unlösliches	–	–	–	–	–	2,9	3,6	13,4	–	–	–	–
Rest	–	–	–	–	–	5,5	2,8	3,2	–	–	–	–
Summe	99,84	100,0	99,48	96,08	100,23	100,0	100,0	100,0	101,18	100,63	98,15	100,26

VÖLZING und TANNHÄUSER konnten die Mineralien Feldspat, Hornblende, Augit, Apatit, Titanit, Biotit, Hauyn, Nosean, Sodalith, Magnetit und eine glasige Grundmasse nachweisen. SCHWIETE, LUDWIG und WIGGER fanden zusätzlich Quarz, Chabasit, Analzim, Hämatit, Christobalit, Leuzit, Kaolinit und Illit. Die Mineralien Apatit, Titanit, Magnetit und die Mineralien der Sodalith-Gruppe wurden von den letztgenannten Autoren nicht nachgewiesen, was erstens in dem seltenen Auftreten dieser Mineralkomponenten begründet liegt und zweitens in der verschiedenen Art der untersuchten Proben sowie drittens in der unterschiedlichen Versuchsmethodik.

Früher wurden nur Handstücke, d. h. Stichproben zur Bestimmung herangezogen, während die vorliegenden Untersuchungen an gepulverten Durchschnittsproben durchgeführt wurden. Die zusätzlich gefundenen Mineralien, insbesondere Quarz, Kaolinit und Illit konnten früher nicht nachgewiesen werden, da ihre große Feinheit eine Identifizierung mit dem Lichtmikroskop unmöglich machte.

HOPMAN, FRECHEN, KNETSCH [19] gaben für die mineralogische Zusammensetzung des *Trachytes* folgende Mineralkomponenten an:
Sanidin, Magnetit, Titanit, Hornblende, Augit, Biotit, Olivin und Hauyn.
Der *Phonolith* setzt sich nach den oben genannten Autoren aus folgenden mineralogischen Bestandteilen zusammen:
Nosean, Sanidin, Biotit, Augit und Leuzit.
Die Zusammensetzung des Basaltes aus dem unteren Niedermendiger Lavastrom ist nach MICHELS [20] Augit, Plagioklas, Hornblende, Mangetit, Biotit und wenig Leuzit. Außerdem enthält der Basalt noch einen hohen Anteil an glasiger Substanz.

Der bayrische Traß entstammt den Randzonen des Nördlinger Rieses. Die Entstehung des auch als Suevit-Traß bekannten Materials wird ebenfalls durch vulkanische Tätigkeit erklärt. Dabei sollen die Eruptionen des Riesvulkanismus etwa 15 Millionen Jahre zurückliegen. Nach SAUER [21] sind die bayrischen Trasse Mischprodukte eines jungen basischen Magmas mit aufgeschmolzenen kristallinen Gesteinen, während NATHAN [22], AHRENS [23], ANGEL [24] und WURM [25] die Ansicht vertreten, daß in den bayrischen Trassen nur aufgeschmolzenes Grundgebirge vorliegt.

Die Tuffe und die Gläser der Suevit-Trasse untersuchte unter anderem ACKERMANN [26] und fand, daß die Hauptmasse, nämlich 76–87% der untersuchten Suevite, aus glasiger Grundmasse besteht, 15% sind Bomben, während der Rest aus sedimentären und kristallinen Komponenten zusammengesetzt ist. Interessant ist die Feststellung ACKERMANNS, daß mit steigendem Wassergehalt die Dichten der Traßgläser abnehmen. Dabei haben Gläser mit 3,5% Hydratwasser eine Dichte von ca. 2,5 g/cm^3 und solche von unter 1% Hydratwasser etwa 2,7 g/cm^3.

In der bereits mehrfach zitierten Arbeit von SCHWIETE, LUDWIG und WIGGER wurde der Mineralbestand der bayrischen Trasse wie folgt ermittelt:
Quarz, Feldspat, Glimmer, Illit, Glas und vereinzelt Kalzit, Montmorillonit und

Kaolinit. Dabei zeigten die Untersuchungen eindeutig, daß die Hauptmasse des bayrischen Trasses glasiger Natur ist.
Bei den Puzzolanen von Salone handelt es sich sehr wahrscheinlich um ein Material aus der Gegend von Segni. Nach SERSALE [14] soll der Puzzolan von Segni Fluorid enthalten. Auf CaF_2 umgerechnet, enthielte der Puzzolan von Segni 0,15% CaF_2.
Die mikroskopischen und röntgenographischen Untersuchungen des Puzzolans von Segni nach SERSALE zeigten: Leuzit und Augit als Hauptkomponenten der kristallinen Bestandteile. Die Leuzit- und Augitkristalle waren gut entwickelt und konnten nach SERSALE mikroskopisch eindeutig identifiziert werden. SERSALE stellte weiter mikroskopisch und röntgenographisch fest, daß die Zeolithe, insbesondere die Mineralien Chabasit und Philipsit, nur in kleineren Mengen vorkommen.
Im Gegensatz zu den oben angeführten Versuchsergebnissen stehen die von GUYE [27]. Er kam auf Grund röntgenographischer und differentialthermoanalytischer Untersuchungen zu dem Ergebnis, daß der Puzzolan von Segni ca. 18% Analzim enthielt. Als Beweis dafür führte er den endothermen Effekt im Bereich von 200 bis 500°C an, den er auf die Entwässerung des Analzims zurückführte.
Die Versuchsergebnisse von GUYE wurden von J. CHAPELLE [28] bestätigt.
SERSALE führt den von GUYE in den Puzzolanen von Segni gefundenen und von ihm bestätigten endothermen Effekt auf die Anwesenheit kleinerer Mengen Tonmineralien zurück, insbesondere auf Halloysit.
Die vorhandenen Literaturangaben lassen nicht eindeutig erkennen, ob es sich bei den Puzzolanen von Bacoli um einen sogenannten Tufo Giallo (gelber Tuff) handelt. Die Farbe des untersuchten Puzzolanes von Bacoli ist nicht gelb, sondern dunkelgrau.
Nach mineralogischen Untersuchungen von SCHERILLO [15] bestand der kristalline Anteil des Tufo Giallo aus Sanidin, Plagioklas, Labradorit und in wesentlich geringeren Mengen aus Augit. Obwohl die Anwesenheit von Zeolithen wahrscheinlich war, konnten sie nicht nachgewiesen werden. Er stellte außerdem fest, daß große Mengen an Glasphase vorlag.

2.1 Physikalisch-technische Daten

2.1.1 Aufbereitung

Von den acht Rohstoffen wurden Durchschnittsproben von ungefähr 1,5 kg gezogen, die dann einen Tag bei 110°C getrocknet wurden. Zur Erzielung der erforderlichen Mahlfeinheiten von 9000 bis 10 000 cm^2/g nach BLAINE wurden die getrockneten Proben in einer Schwingmühle fein gemahlen und nach dem Mahlprozeß das metallische Eisen mit Hilfe eines Magneten herausgezogen.
Die Ergebnisse der an dem Mahlgut mit dem Blainegerät bestimmten spezifischen

Oberflächen werden in der Tab. 3 aufgeführt und zeigen, daß die geforderten Werte gut eingehalten wurden. Dagegen liegen die mit Hilfe der Stickstoffadsorption gemessenen Werte, bei denen die innere Oberfläche mit erfaßt wird, 4,4- bis 66mal so hoch.

Tab. 3 Spezifische Oberflächen der aufbereiteten Rohstoffe

Rohstoffe	Spez. Oberflächen nach BLAINE [cm²/g]	nach BET*) [m²/g]
1. Österreichischer Traß	9150	60,5
2. Rheinischer Traß	9270	19,6
3. Bayrischer Traß	9550	8,3
4. Puzzolan von Salone	8900	17,4
5. Puzzolan von Bacoli	9020	4,4
6. Trachyt	9500	4,2
7. Phonolith	9150	4,1
8. Basalt	9200	6,3

*) gemessen mit dem Areameter der Fa. Ströhlein

2.1.2 Spezifisches Gewicht

Die spezifischen Gewichte wurden nach DIN 1065 ermittelt. Dabei wurde, um die Hydrolyse des Trasses zu verhindern, Xylol an Stelle von Wasser verwendet. Die Ergebnisse dieser Messungen sind in der folgenden Tab. 4 aufgeführt:

Tab. 4 Spezifisches Gewicht der Rohstoffe

Rohstoffe	Spez. Gewichte [g/cm³]
1. Österreichischer Traß	2,444
2. Rheinischer Traß	2,495
3. Bayrischer Traß	2,630
4. Puzzolan Salone	2,694
5. Puzzolan Bacoli	2,450
6. Trachyt	2,566
7. Phonolith	2,380
8. Basalt	3,030

Die Werte zeigen, daß der Basalt mit einem spezifischen Gewicht von über 3 g/cm³ das schwerste der untersuchten Materialien, während der Phonolith mit nur 2,380 g/cm³ das spezifisch leichteste Gesteinsmehl ist. Von den untersuchten Traßproben und den italienischen Puzzolanen ist der Puzzolan von Salone mit 2,69 g/cm³ das spezifisch schwerste Material.

2.2 Chemische Analysen

Die Rohstoffe wurden zunächst 24 Stunden bei 110°C getrocknet und anschließend nach den normalen Verfahren quantitativ untersucht.
Die Kieselsäure wurde mittels $HClO_4$ unlöslich gemacht, da in diesem Falle nach G. Charlot und D. Bezier [29] nur ein einmaliges Eindampfen und Abrauchen erforderlich ist, um die Kieselsäure rein zu erhalten, im Gegensatz zu der normalen Methode mit HCl. Die Aufschlüsse wurden nicht mit einer Mischung von Natrium- und Kaliumkarbonat, sondern mit reinem Natriumkarbonat durchgeführt, da andernfalls das $KClO_4$ im Filtrat ausfallen würde. CaO und MgO wurden komplexometrisch, Fe_2O_3 und TiO_2 kolorimetrisch und die Alkalien flammenphotometrisch bestimmt.
Die Ergebnisse der chemischen Analysen wurden in der Tab. 5 zusammengestellt.

Tab. 5 Chemische Analysen der Gesteinsmehle

Bestandteil:	$Tr_ö$	Tr_{rh}	Tr_b	P_S	P_B	Trachyt	Phonolith	Basalt
Glühverlust	15,29	6,05	3,31	4,32	3,53	1,27	2,35	1,72
SiO_2	57,73	59,53	65,97	48,13	58,92	63,94	50,27	43,24
Al_2O_3	17,51	18,92	16,59	18,25	20,58	19,46	24,66	21,83
Fe_2O_3	3,28	1,80	3,07	7,30	0,82	1,72	2,69	3,87
TiO_2	0,80	0,68	0,79	0,73	0,50	0,72	0,30	0,33
CaO	0,22	3,50	3,97	9,96	4,07	2,71	2,54	11,77
MgO	0,08	1,61	2,85	5,70	1,49	1,69	1,76	13,30
Na_2O	0,44	4,71	1,74	0,88	2,86	2,74	7,21	2,65
K_2O	2,74	2,80	1,55	4,41	6,61	5,19	6,25	1,20
SO_3	1,96	sp.	sp.	sp.	sp.	sp.	1,84	sp.
Summe:	100,05	99,60	99,84	99,68	99,38	99,44	99,87	99,91

Die Ergebnisse dieser Untersuchungen zeigen, daß der österreichische Traß ($Tr_ö$) den höchsten und der Trachyt und der Basalt den niedrigsten Glühverlust haben. Der bayrische Traß (Tr_b) hat etwa einen gleich hohen Glühverlust wie die beiden italienischen Puzzolanen von Salone bzw. Bacoli (P_S, P_B). Die Kieselsäuregehalte der untersuchten Gesteinsmehle liegen um 60%, wenn von dem Puzzolan von Salone, dem Phonolith und dem Basalt abgesehen wird. Die Tonerdegehalte liegen zwischen 16 und 24%, wobei in diesem Falle der Phonolith den höchsten Tonerdegehalt erreicht.
In weiten Grenzen schwanken auch die Gehalte an Fe_2O_3, und zwar liegen die Werte zwischen 0,82 (für den Puzzolan von Bacoli) und 7,30 (für den Puzzolan von Salone). Für die übrigen Gesteinsmehle ist der Schwankungsbereich der Eisenoxidgehalte geringer. Die Titangehalte liegen in allen Fällen unter 1%. Bei den CaO-Gehalten wurde der geringste Wert für den österreichischen Traß und der höchste Wert für den Basalt sowie den Puzzolan von Salone beobachtet. Die übrigen Werte liegen im Bereich von 2,5 bis 4%. Im allgemeinen liegen auch die Werte für die MgO-Gehalte unter 2%, lediglich für den bayrischen Traß, den Puzzolan von Salone und insbesondere für den Basalt wurden höhere Werte

beobachtet. Bei dem Basalt ist mit Sicherheit der Olivingehalt mitbestimmend für die Höhe des MgO-Gehaltes. In weiten Grenzen schwanken auch die Gehalte an Alkalien. Die geringsten Werte wurden für den österreichischen Traß beobachtet. Die höchsten Werte von über 13% hatte der Phonolith. Interessant ist noch die Tatsache, daß der österreichische Traß sowie der Phonolith einen Gehalt an SO_3 von nahezu 2% aufweisen, während in den anderen Gesteinsmehlen SO_3 nur in Spuren auftrat.

2.3 Mineralogische Zusammensetzung der Rohmaterialien

Es ist seit langem bekannt, daß man allein auf Grund der chemischen Zusammensetzung der Trasse und Puzzolanen nicht viel über ihr hydraulisches Erhärtungsvermögen aussagen kann. Es wurde daher auch immer wieder versucht, die Mineralkomponenten der Trasse und Puzzolanen zu ermitteln und durch die Anwesenheit verschiedener Minerale das hydraulische Erhärtungsvermögen zu erklären.
Für die Erklärung der Reaktionsfähigkeit der Trasse und Puzzolanen gibt es bisher drei wesentliche Ansichten:

1. Die Reaktionsfähigkeit beruht auf den Sodalithmineralien.
2. Die Reaktionsfähigkeit beruht auf den Zeolithen.
3. Die glasige Grundmasse ist die Ursache für das hydraulische Erhärtungsvermögen der Trasse und Puzzolanen in Verbindung mit Kalk.

Tannhäuser [30] war wohl der Hauptverfechter der ersten Theorie. Er nahm an, daß ein Austausch der in den Sodalithmineralien enthaltenen Alkalien gegen das Kalzium stattfindet, ohne dabei zu berücksichtigen, daß durch eine reine Austauschreaktion keine Verfestigung eintreten kann.
In einer später durchgeführten Arbeit vertritt Tannhäuser [31] noch die Ansicht, daß für den Austauschprozeß zusätzlich auch Glassubstanzen in der chemischen Zusammensetzung der Sodalithmineralien in Frage kommen können.
Hart [7], Lunge [32] und Steopoe [33] folgerten aus ihren Untersuchungen, daß die Zeolithe oder zeolithähnliche Substanzen bzw. die reaktionsfähige Kieselsäure oder Tonerde des Trasses weitgehend für das hydraulische Erhärtungsvermögen verantwortlich gemacht werden müssen. Hart [7] fand, daß die leichten Fraktionen der Trasse neben dem höchsten Hydratwassergehalt auch stark mit Alkalien angereichert waren.
Andere Autoren dagegen, wie Gallo [34] und kürzlich Schwiete, Ludwig und Wigger [2, 3, 4, 5], vertraten die Ansicht, daß in erster Linie die Glasphase der Trasse und Puzzolanen die Ursache der Reaktionsfähigkeit ist.
Letztere fanden, daß der Hauptanteil des Hydratwassers in der Glasphase gebunden vorliegt. Weiterhin konnten sie nachweisen, daß bei den Traß–Kalk-Reaktionen der größte Teil des Kalkes (nämlich über 80%) von der Glasphase gebunden wird, daß also die Glasphase als Hauptträger der hydraulischen Er-

härtung angesehen werden muß. Dabei stellten SCHWIETE und LUDWIG [5] ganz klar heraus, daß sich das Glas bei der Kalkbindung in wäßrigen Lösungen umsetzt, daß also völlig neue Hydrate entstehen, die röntgenographisch und elektronen- sowie lichtmikriskopisch nachgewiesen wurden. Die Autoren konnten weiterhin zeigen, daß sich außer den glasigen Anteilen auch verschiedene Mineralien (Zeolith, Feldspat, Leuzit, Quarz) – allerdings in einem geringeren Maße als die Glasphase – an der Kalkbindung beteiligen. Basenaustauschreaktionen spielen nur eine untergeordnete Rolle und können auch nicht die hydraulische Erhärtung erklären.
Faßt man die Ergebnisse aus der Literatur zusammen, so ist zu folgern, daß die Ursachen der hydraulischen Wirksamkeit der Puzzolanen und Trasse weitgehend durch die nachgewiesene Reaktionsfähigkeit der vulkanischen Gläser erklärt werden können.
In dem folgenden Abschnitt werden die Röntgendiagramme der acht untersuchten Rohstoffe wiedergegeben und das Ergebnis der Auswertung mitgeteilt und diskutiert.

Erläuterungen

Q	= Quarz	I	= Illit
Cr	= Cristobalit	K	= Kaolinit
F	= Feldspat	Mm	= Montmorillonit
	(Albit, Orthoklas, Anorthit)	A	= Augit
	(Sanidin, Plagioklas)	Al	= Alunit
L	= Leuzit	Ha	= Hauyn
H	= Hornblende	N	= Nosean
An	= Analzim	Ne	= Nephelin
Ch	= Chabasit	Ma	= Magnetit
Mu	= Muskovit	Ht	= Hämatit

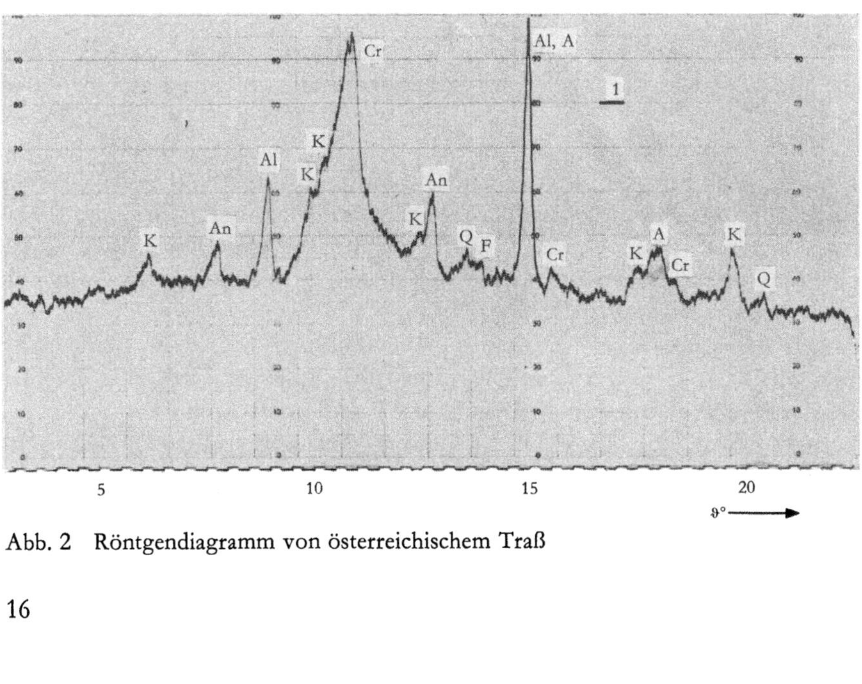

Abb. 2 Röntgendiagramm von österreichischem Traß

2.3.1 *Österreichischer Traß*

Aus der Röntgenaufnahme konnten folgende Mineralien im österreichischen Traß bestimmt werden:
Cristobalit, Alunit, Kaolinit, Analzim und geringe Mengen Quarz sowie Augit.
Der hohe Glühverlust des österreichischen Trasses findet eine Erklärung durch die Anwesenheit des Opales, des Alunites und des Kaolinites. Die starke Interferenz des Cristobalites ist auf den Gehalt an Opal zurückzuführen, der bekanntlich die Struktur des Cristobalites hat. Für das puzzolanische Verhalten des Trasses ist zu beachten, daß der Opal reaktionsfähiger als der Quarz ist, da er metastabil ist. Der K_2O-Gehalt findet eine Erklärung durch das Auftreten von Analzim und Alunit, wobei durch die Anwesenheit des Alunites zusätzlich der relativ hohe SO_3-Gehalt des österreichischen Trasses eine Erklärung findet.

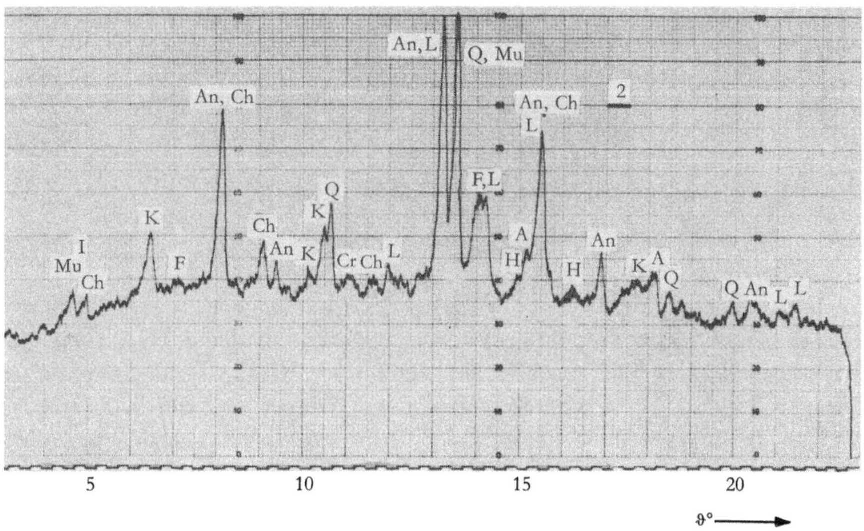

Abb. 3 Röntgendiagramm des rheinischen Trasses

2.3.2 *Rheinischer Traß*

Der Abb. 3 ist zu entnehmen, daß die Masse des rheinischen Trasses aus einer Vielzahl von Mineralien besteht. Hierdurch wird die Auswertung der Röntgenzählrohrdiagramme sehr erschwert, da sich die Interferenzen verschiedener Mineralien teilweise stark überlagern.
In dem rheinischen Traß wurden folgende Mineralkomponenten als Hauptbestandteile festgestellt:
Quarz, Analzim, Leuzit, Feldspat, Kaolinit.
Der hohe Untergrund weist auf einen großen Anteil von röntgenamorphen Substanzen hin, die mit anderen Methoden als vulkanisches Glas identifiziert wurden.

Als Nebenbestandteile:

Muskovit, Illit, Augit, Chabasit sowie Spuren Cristobalit und Hornblende. Lichtmikroskopisch konnte beobachtet werden, daß der vorliegende rheinische Traß überwiegend aus glasigen Anteilen besteht. Diese Ergebnisse bestätigen voll die Untersuchungen von Schwiete, Ludwig und Wigger [3].

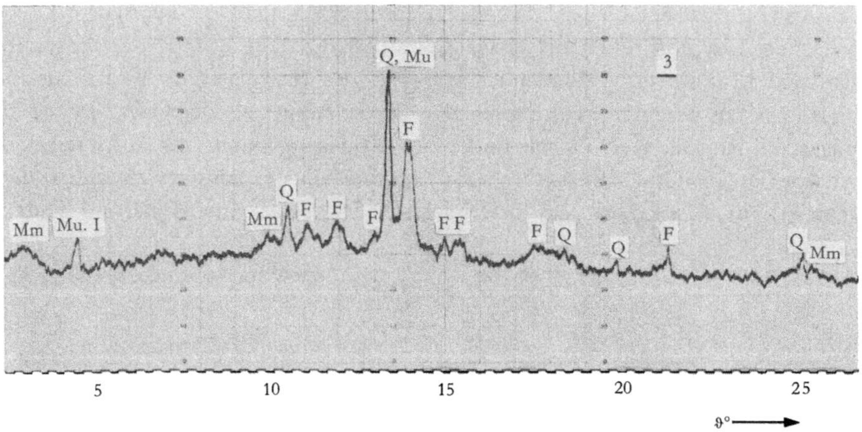

Abb. 4 Röntgendiagramm des bayrischen Trasses

2.3.3 *Bayrischer Traß*

Aus der Abb. 4 kann entnommen werden, daß die kristallinen Bestandteile des bayrischen Trasses im wesentlichen Quarz und Feldspat sind. In geringen Mengen konnten zusätzlich Montmorillonit, Glimmer und Illit nachgewiesen werden. Mikroskopisch wurde festgestellt, daß die Hauptmasse des bayrischen Trasses von glasiger Beschaffenheit ist. Diese Ergebnisse stehen ebenfalls in

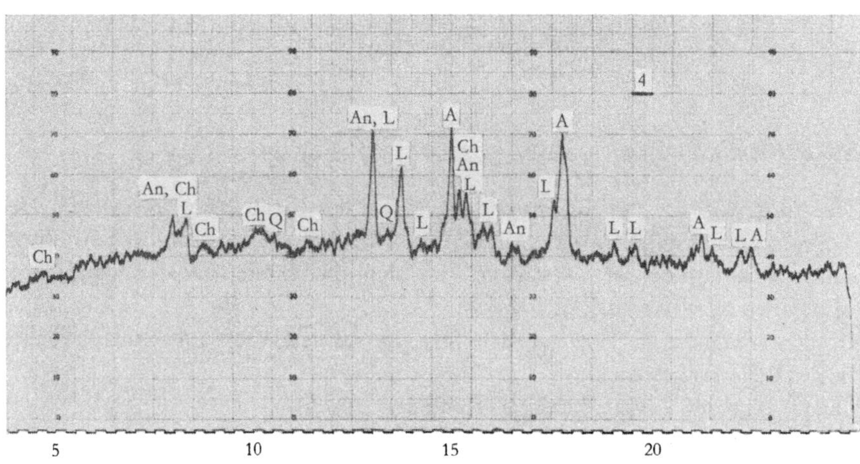

Abb. 5 Röntgendiagramm des Puzzolanes von Salone

gutem Einklang mit den bereits von SCHWIETE, LUDWIG und WIGGER (l. c.) mitgeteilten Zusammensetzungen der bayrischen Trasse.

2.3.4 Puzzolan von Salone

Die Auswertung des Röntgendiagrammes des italienischen Puzzolanes von Salone zeigt, daß Augit, Analzim und Leuzit die am stärksten vertretenen kristallinen Phasen sind. In geringen Mengen wurde noch Quarz und Chabasit nachgewiesen.

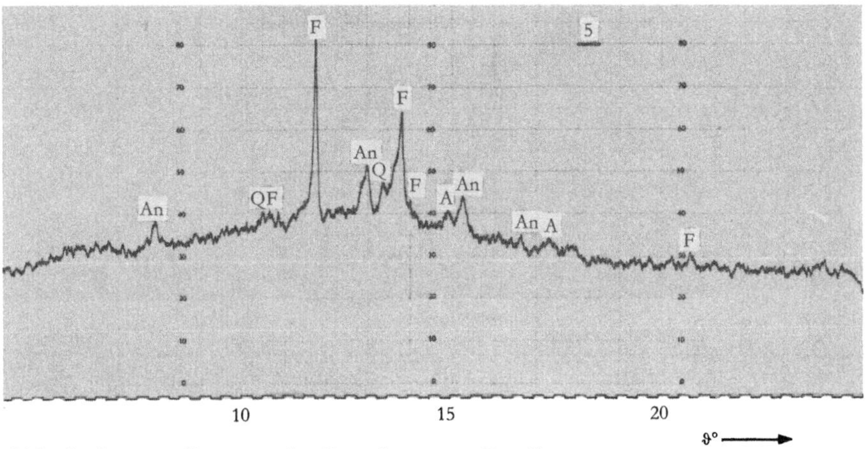

Abb. 6 Röntgendiagramm des Puzzolanes von Bacoli

2.3.5 Puzzolan von Bacoli

Das Röntgendiagramm des Puzzolanes von Bacoli ist weniger linienreich als das des Puzzolanes von Salone. Die Hauptkomponenten dieses Puzzolanes sind Feldspat und Analzim. In geringen Mengen wurden zusätzlich Augit und Quarz beobachtet.

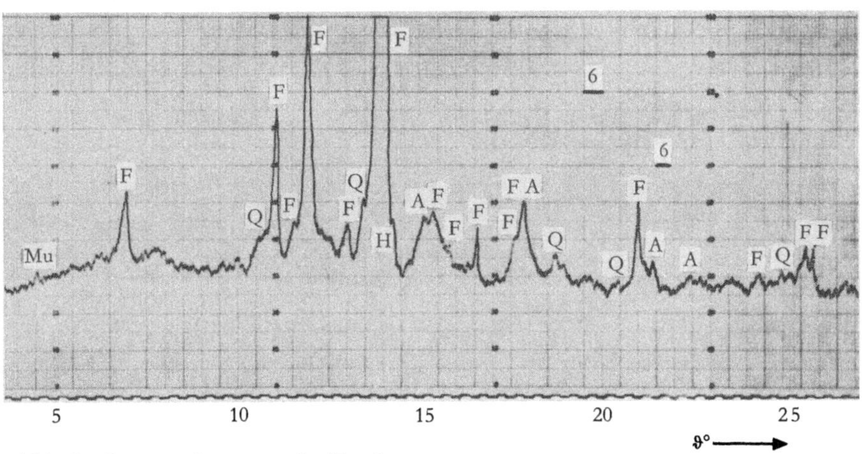

Abb. 7 Röntgendiagramm des Trachytes

2.3.6 Trachyt von Selters

Die Abb. 7 zeigt eine Vielzahl von Interferenzen für den Trachyt, welche nahezu ausnahmslos den Hauptkomponenten der kristallinen Phasen Feldspat und Augit zugeordnet werden konnten. In kleinen Anteilen wurden noch Quarz, Hornblende und Spuren Muskovit beobachtet. Bei dem Feldspat dürfte es sich um einen Sanidin und einen Plagioklas handeln.

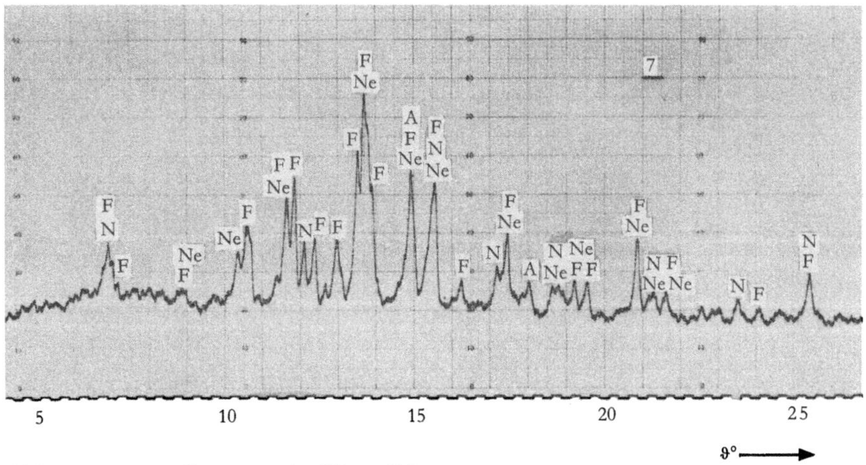

Abb. 8 Röntgendiagramm des Phonolithes

2.3.7 Phonolith von Brenk

Aus der Röntgenaufnahme des Phonolithes konnten folgende Mineralien bestimmt werden:

Feldspat, Nosean und Nephelin.

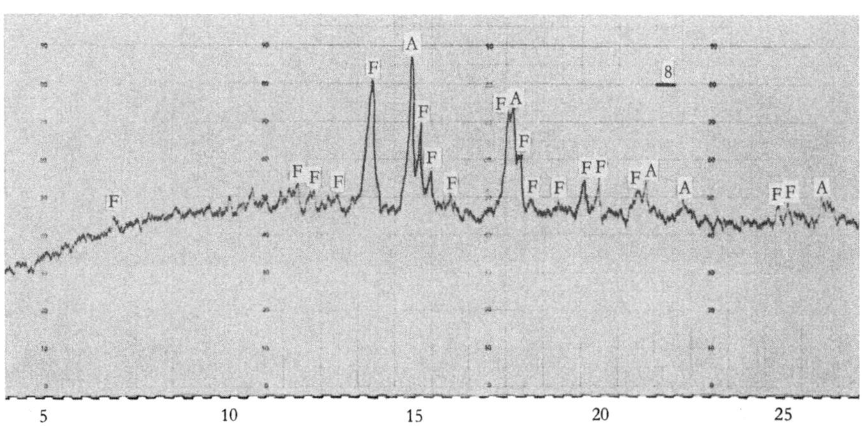

Abb. 9 Röntgendiagramm des Basaltes

In geringen Anteilen konnte noch Augit nachgewiesen werden. Bei dem Feldspat handelt es sich mit großer Wahrscheinlichkeit ebenfalls um Sanidin. Interessanterweise ist der Phonolith das bis jetzt einzige untersuchte Gesteinsmehl, das Nosean in röntgenographisch nachweisbaren Mengen enthält.

2.3.8 Basalt von Linz

Die Auswertung des Röntgendiagrammes des Basaltes zeigt im wesentlichen die Interferenzen eines Feldspates und des Augites.

2.3.9 Zusammenfassung

Die untersuchten Gesteinsmehle zeigen große Unterschiede in ihrem mineralogischen Aufbau. Der Zeolith Chabasit konnte nur in geringer Menge in dem rheinischen Traß und in dem Puzzolan von Salone nachgewiesen werden. Mit Ausnahme des Phonolithes, der das Mineral Nosean enthält, konnten bei den übrigen untersuchten Rohstoffen keine Sodalithe röntgenographisch nachgewiesen werden.

Die Ursache der Reaktionsfähigkeit der Trasse kann auch nach diesen Untersuchungsergebnissen nicht auf den Gehalt an Zeolithen oder Sodalithen in den untersuchten Rohstoffen zurückgeführt werden, da die Zeolithe nur in verhältnismäßig geringen Anteilen vorkommen und die Sodalithe in den untersuchten Rohstoffen, mit Ausnahme des Phonolithes, röntgenographisch nicht nachgewiesen werden konnten.

Als Ursache für die Reaktionsfähigkeit der Trasse und Puzzolanen muß in erster Linie die Menge und die chemische Zusammensetzung der Glasphase genannt werden, wie dies schon früher Gallo [33] sowie Schwiete und Ludwig [3, 5] getan haben.

3. Festigkeitsuntersuchungen an Normenmörteln nach RILEM-CEM

3.1 Herstellung der Mischungen

Für die Ermittlung der Druck- und Biegezugfestigkeiten wurden folgende Mischungen hergestellt:

360 g	Gesteinsmehl	
90 g	Kalziumhydroxid	
450 g	Normensand Körnung I	(fein)
450 g	Normensand Körnung II	(mittel)
450 g	Normensand Körnung III	(grob)
270 g	Wasser	

Der bei diesen Untersuchungen verwendete Sand entspricht den Forderungen des RILEM-CEM-Verfahrens.
Die trockenen Bindemittelkomponenten wurden zunächst mit dem Sand von Hand vorgemischt und anschließend in einen Mischer mit Planetenrührwerk überführt, in dem die vorgesehene Wassermenge kontinuierlich zugesetzt wurde.

3.2 Versuchsdurchführung und Meßergebnisse

Die Festigkeiten der acht verschiedenen Materialien wurden nach 14, 28, 56 und 90 Tagen Lagerung bestimmt. Die Dauer der Feuchtlagerung betrug jeweils zwei Tage. Anschließend wurden die Mörtelprismen bis zum Zeitpunkt der Prüfung unter Wasser gelagert. Die angegebenen Festigkeitswerte sind Mittelwerte, die an drei Prismen ermittelt wurden.
Bei dem österreichischen Traß mußten an Stelle von 270 g Wasser 370 g verwendet werden, da sich der österreichische Traß nicht mit 270 g Wasser verarbeiten und verdichten ließ.

3.2.1 Ohne Sulfatzusatz

Eine Zusammenstellung der erhaltenen Ergebnisse erfolgte in den Tab. 6 und 7.

Tab. 6 Biegezugfestigkeiten verschiedener Materialien in Mischung mit Kalkhydrat in Abhängigkeit von der Zeit

Nr.	Zugesetztes Gesteinsmehl	Biegezugfestigkeit in kp/cm² nach Tagen			
		14	28	56	90
1.	Österreichischer Traß	23	31	36	41
2.	Rheinischer Traß	20	29	32	36
3.	Bayrischer Traß	5	15	20	23
4.	Puzzolan von Salone	20	28	30	32
5.	Puzzolan von Bacoli	3	17	29	25
6.	Trachyt	0	0	2	3
7.	Phonolith	16	23	26	29
8.	Basalt	0	0	6	11

Tab. 7 Druckfestigkeiten verschiedener Materialien in Mischung mit Kalkhydrat in Abhängigkeit von der Zeit

Nr.	Zugesetztes Gesteinsmehl	Druckfestigkeit in kp/cm² nach Tagen			
		14	28	56	90
1.	Österreichischer Traß	56	104	179	183
2.	Rheinischer Traß	58	92	103	111
3.	Bayrischer Traß	24	55	58	60
4.	Puzzolan von Salone	54	73	81	90
5.	Puzzolan von Bacoli	17	51	98	92
6.	Trachyt	–	–	13	16
7.	Phonolith	31	42	54	68
8.	Basalt	–	–	21	35

Den Tab. 6 und 7 ist zu entnehmen, daß der österreichische Traß die höchsten Biegezug- und Druckfestigkeiten erreicht. Er wird gefolgt von dem rheinischen Traß und den beiden italienischen Puzzolanen von Salone bzw. Bacoli. Darauf folgt der Phonolith und der bayrische Traß sowie der Basalt und der Trachyt.

In der Reihenfolge der höchsten Festigkeiten nochmals aufgeführt, ergibt sich folgendes Bild:

1. Österreichischer Traß
2. Rheinischer Traß
3. Puzzolan von Salone
4. Puzzolan von Bacoli
5. Phonolith
6. Bayrischer Traß
7. Basalt
8. Trachyt

Aus den Tabellen ist weiter zu entnehmen, daß der Festigkeitsanstieg bei dem österreichischen und rheinischen Traß sowie dem Puzzolan von Salone schneller erfolgt als bei den anderen Gesteinsmehlen.
Die chemische Analyse sowie die mineralogische Zusammensetzung gibt nur geringe Anhaltspunkte über die Festigkeitsentwicklung der Gesteinsmehle.

3.2.2 Einfluß von Sulfatverbindungen

In chemischer Hinsicht ist mit Sicherheit der Anteil an Alkalien, Kieselsäure und Tonerde von Interesse. Der große Einfluß des SO_3 auf die Festigkeitsentwicklung von puzzolanhaltigen Bindemitteln wie im vorliegenden Falle wurde besonders deutlich durch die Arbeiten von J. Chapelle [35] aufgezeigt, so daß auf Grund der vorliegenden Untersuchungen noch keine endgültige Aussage über eine Einstufung des österreichischen Trasses und des Phonolithes gemacht werden kann.
Hierzu mußten die Untersuchungen an den SO_3-freien Materialien unter Zusatz von 4% Gips (in Form von Gips oder Anhydrit) wiederholt werden.
In mineralogischer Hinsicht ist der Anteil solcher Phasen von besonderem Interesse, die ein besonders starkes Reaktionsvermögen mit Kalkhydrat haben. Nach Schwiete und Ludwig [5] sind diese in erster Linie die Glasphase und dann die Zeolithe, gefolgt von den Feldspaten, Quarz und Kaolinit. Das Kalkbindungsvermögen des Opales, der Sodalithe und des Alunites wurde bisher nicht untersucht.
Bei der Wiederholung der Festigkeitsuntersuchungen an den Gesteinsmehl-Kalk-Mörteln (Tab. 8), wobei den SO_3-freien Gesteinsmehlen 4% Gipsstein zugesetzt wurde, zeigt sich eine Zunahme der Biegezugfestigkeiten um bis 13 kp/cm^2 (für den Puzzolan von Bacoli). Die Druckfestigkeiten der Mörtel mit den Gipszusätzen werden zum Teil merklich angehoben, ohne daß sich allerdings eine wesentliche Verschiebung in der Reihenfolge der schon bekannten Hydraulizität der einzelnen Proben ergeben hätte, wenn von der Tatsache abgesehen wird, daß nunmehr der bayrische Traß bessere Festigkeiten erzielte als der Phonolith.

Tab. 8 Festigkeitsentwicklung verschiedener Materialien in Mischung mit Kalkhydrat und 4% Gipsstein

Nr.	Gesteinsmehl	Biegezugfestigkeiten [kp/cm²] nach Tagen					Druckfestigkeiten [kp/cm²] nach Tagen				
		7	14	28	56	90	7	14	28	56	90
1.	Österreichischer Traß	12	27	34	38	39	26	64	115	132	133
2.	Rheinischer Traß	13	26	38	46	37	28	61	100	116	115
3.	Bayrischer Traß	14	20	25	30	34	29	37	55	64	75
4.	Puzzolan Salone	13	27	33	38	42	28	53	86	108	118
5.	Puzzolan Bacoli	7	14	24	33	38	15	27	55	90	106
6.	Phonolith	10	19	26	32	32	17	30	49	59	63
7.	Basalt	6	7	15	15	17	9	13	26	28	31

4. Die Bestimmung des freien Kalkes in der Gesteinsmehl- bzw. Puzzolan-Kalk-Wasser-Suspension

4.1 Literaturübersicht

Die verschiedenen Methoden zur Bestimmung des freien Kalkes sollen im einzelnen hier kurz aufgeführt werden:
Nach EMLEY [36] wird der freie Kalk mit Glycerin extrahiert. Das dabei entstehende Kalzium-Glycerat wird mit Ammoniumazetat titriert. RODT [37] wendete bei seinen Untersuchungen der Kalkbindung der Trasse die Methode nach EMLEY an.
Die Ergebnisse, die von ihm unter Berücksichtigung des durch die Kohlensäure gebundenen Kalkes erhalten wurden, zeigt die folgende Tab. 9:

Tab. 9 Kalkbindung verschiedener Trasse nach RODT

	Von 1 g Traß gebundenes $Ca(OH)_2$ in mg		
Traß-Sorte	9 Tage	1 Monat	6 Monate
1. Ettringer Traß	75 (57)*	155 (119)	229 (173)
2. Nettetaler Traß	85 (64)	144 (109)	191 (145)
3. Bayrischer Traß	60 (45)	149 (113)	158 (119)
4. Rhön-Traß	56 (42)	109 (83)	184 (139)

* In Klammern $Ca(OH)_2$ als CaO ausgedrückt.

Zusätzlich ausgeführte Festigkeitsuntersuchungen an Traß–Kalk-Mörteln ergaben keinen Zusammenhang zwischen den Kalkbindungen und den gefundenen Festigkeiten.
Bei der Bestimmung des freien Kalkes nach der Methode von KONARZEWSKI und LUKASZEWICZ [38] wird der freie Kalk als Phenolat gelöst und mit Salzsäure gegen Methylorange titriert.
WITTEKINDT [39] untersuchte das Kalkbindungsvermögen verschiedener Trasse an Traß–Kalk-Kuchen, wobei er die Phenolatmethode anwendete.
Die bei diesen Versuchen von WITTEKINDT erhaltenen Werte der Kalkbindung wurden von SCHWIETE und LUDWIG [2] umgerechnet, um die Karbonatisierung der Proben zu berücksichtigen. Die so erhaltenen Werte zeigt die Tab. 10:

Tab. 10 Werte der Kalkbindung verschiedener Trasse nach WITTEKINDT, *von* SCHWIETE *und* LUDWIG *umgerechnet*

Lagerungsdauer	Kalkbindung in mg CaO/g Traß Rheinischer Traß		Bayrischer Traß
Wochen	Nettetal	Brohtal	Nördlinger Ries
4	338	396	170
12	370	460	211
20	381	491	215
36	460	580	218

Bei der Bestimmung des freien Kalkes nach der von PRESSLER, BRUNAUER und KANTRO [40] modifizierten Methode nach FRANKE [41] werden je nach dem Gehalt an freiem Kalk 0,2–1,0 g Substanz in einem Acetessigester–Isobutylalkohol-Gemisch im Verhältnis 3:20 am Rückflußkühler gekocht. Zum Abschluß gegen CO_2 und Wasserdampf wird an den Rückflußkühler ein mit Natronkalk und Blaugel gefüllter Trockenturm angeschlossen. Nach SCHWIETE und LUDWIG genügte eine eineinhalbstündige Extraktion, um den freien Kalk aus den Traß–Kalk-Gemischen herauszulösen. Nach der Extraktion wird die Lösung durch Absaugen in einer Fritte vom Bodenkörper getrennt. Der Rückstand wird mit Isobutylalkohol nachgewaschen und die Lösung mit einer 0,2 n Perchlorsäure gegen Thymolblau titriert.

Bei der von SCHWIETE und LUDWIG [5] untersuchten Kalkbindung verschiedener rheinischer und bayrischer Trasse wurde der freie Kalk nach dieser Methode bestimmt. Die Versuchsergebnisse der Kalkbindung eines rheinischen Trasses, der in einer Paste erhärtete, sind in der nachfolgenden Tab. 11 aufgeführt:

Tab. 11 Kalkbindung eines rheinischen Trasses in Abhängigkeit von der Zeit nach SCHWIETE *und* LUDWIG

Lagerungsdauer [Tage]	Kalkbindung in mg CaO/g Traß
0	0
3	24
7	79
14	170
28	211
92	248
180	252
360	309

Bezüglich der zahlreichen weiteren Ergebnisse, die von den genannten Autoren erhalten wurden, sei auf die Originalliteratur verwiesen. Es sei jedoch noch erwähnt, daß sie ihre Untersuchungen nicht nur an Traß–Kalk-Pasten, sondern zusätzlich an Traß–Kalk-Suspensionen, an Traß–Zement-Suspensionen und an Traß–Zement-Mörteln durchführten.

Als letzte Bestimmungsmethode des freien Kalkes in Bodenkörpern sei noch die Methode von SCHLÄPFER und BUKOWSKI [42] angeführt, bei der der freie Kalk als Äthylenglycolat gebunden und mit 0,1 n Benzoesäure gegen einen Indikator, der auf 100 cm^3 absoluten Alkohol 0,15 g Naphtolphthalein und 0,10 g Phenolphthalein enthält, titriert.
Die Kalkbindung italienischer Puzzolanen bestimmte MALQUORI [43] je nach ihrer Aktivität zu 40–70% CaO, bezogen auf das Gewicht des Puzzolanes.
MALQUORI und SERSALE [44] stellten Untersuchungen an rheinischem Traß und an gelbem neapolitanischem Tuff an. Sie untersuchten unter anderem das Basenaustauschvermögen der beiden Puzzolane und konnten hier ein gleiches Verhalten feststellen (Tab. 12).

Tab. 12 Basenaustauschvermögen von Puzzolanen nach MALQUORI *und* SERSALE

Probe	m val NH_4 gebunden	m val in Lösung			m val-Gesamtaustausch
		K	Na	Ca	
Gelber neapolitanischer Tuff	16,47	6,81	1,71	8,15	16,67
Tuff von Andernach	13,08	4,29	6,06	2,99	13,34

SERSALE und SABATELLI [45] untersuchten das Reaktionsvermögen des Analzims mit Kalziumhydroxidlösungen. Nach einer Reaktionsdauer von 42 Tagen fanden sie ein Kalkbindungsvermögen des Analzims von 20,6%. In Abhängigkeit von der Zeit nimmt das Kalkbindungsvermögen noch stark zu und erreicht nach einer Reaktionsdauer von 234 Tagen 52%. Dieses Untersuchungsergebnis steht in gutem Einklang mit dem Ergebnis, das ebenfalls von SCHWIETE und LUDWIG [5] festgestellt wurde. Eine weitere Arbeit von SERSALE und SABATELLI [46] befaßt sich mit der Kalkbindung des Herschelites. Nach einer Reaktionsdauer von 28 Tagen fanden sie eine Kalkbindung dieses Zeolithes von 35,5%. Ebenso wie bei dem Analzim kann dieses hohe Kalkbindungsvermögen nicht durch einfache Basenaustauschreaktionen erklärt werden. Vielmehr konnte nachgewiesen werden, daß sich auch die Zeolithe mit dem Kalk unter Bildung neuer Hydratphasen umzusetzen vermögen.
Abschließend sei noch auf die interessanten Untersuchungen von STRÄTLING [47] hingewiesen, der die Kalkbindung verschiedener Brennstufen des Kaolinites untersuchte.
Aus den Ergebnissen seiner Arbeit ist zu entnehmen, daß bei 500–800°C gebrannter Kaolinit am reaktionsfähigsten ist, wobei die maximale Kalkbindung nahezu 80% CaO, bezogen auf das gebrannte Material, betrug. Als Neubildungen konnte STRÄTLING bereits damals ein quaternäres Hydrat der Zusammensetzung $C_2AS \cdot aq$ und ein Trikalziumdisilikathydrat ($C_3S_2 \cdot aq$) nachweisen.

4.2 Herstellung der Reaktionsgemische

Zur Herstellung der Gesteinsmehl- bzw. Traß-Kalk-Wasser-Suspensionen wurden 4 g bei 110°C getrocknetes Material und 2 g CaO eingewogen, in ein Glasrohr gebracht und mit 50 ml CO_2-frei gekochtem Wasser versetzt. Das Glasrohr wurde abschließend sofort luftdicht verschlossen. Für jede Versuchszeit stand eine gesonderte Probe zur Verfügung, so daß die einzelnen Proben bis zum jeweiligen Prüftermin verschlossen bleiben konnten.
Die Kalkbindung wurde nach 1, 3, 7, 14, 34, 56 und 90 Tagen untersucht.

4.3 Untersuchung der Kalkbindung

Zur Zeit der Prüfung wurde die Lösung mit Hilfe einer Glasfritte durch Absaugen vom Bodenkörper getrennt. Nach dem Überspülen des Reaktionsgemisches in die Fritte wurde dieses gegen den Zutritt der Kohlensäure der Luft durch ein Absorptionsrohr, welches mit Natronkalk gefüllt war, geschützt. Das Filtrat wurde angesäuert, auf 1000 ml aufgefüllt und mit dem Flammenphotometer der Gehalt an Alkalien und freiem Kalk in der Lösungsphase bestimmt.
Der quantitativ übergeführte Bodenkörper wurde über P_2O_5 getrocknet, gewogen und anschließend in ein Glasrohr gebracht, in dem er bis zur weiteren Untersuchung auf freien Kalk, CO_2 und die entstandenen Hydratneubildungen luftdicht aufbewahrt wurde.
Zur Bestimmung des freien Kalkes wurde die bereits beschriebene modifizierte Methode nach Franke (s. Abschnitt 4.1) verwendet.

4.4 Ergebnisse der Kalkbindungsuntersuchungen

Aus dem Gehalt an freiem Kalk im Filtrat und im Bodenkörper kann durch Addieren der gesamte Gehalt an freiem Kalk in dem Reaktionsgemisch und damit die Kalkbindung der Materialien bestimmt werden.
In der folgenden Tab. 13 sind die Werte für den gebundenen Kalk pro Gramm Material sowie die von einem Gramm abgespaltenen Mengen an Alkalien aufgeführt.
Der Tabelle ist zu entnehmen, daß die Kalkbindung der untersuchten Gesteinsmehle sehr unterschiedlich ist. Der höchste Wert mit 417 mg CaO nach 90 Tagen wurde für den österreichischen Traß gefunden, der durch eine besonders hohe innere Oberfläche gekennzeichnet ist. Mit Abstand folgt der rheinische Traß mit 276 mg, gefolgt von den Puzzolanen von Bacoli bzw. Salone und dem Phonolith, der ein relativ hohes Kalkbindungsvermögen von 257 mg CaO zeigt. Der bayrische Traß hat ein noch etwas geringeres Kalkbindungsvermögen und wird gefolgt vom Basalt und schließlich vom Trachyt, dessen Kalkbindungsvermögen immer noch 151 mg CaO/g beträgt.

Tab. 13 Kalkbindung und Alkaliabspaltung der untersuchten Rohstoffe

Nr.	Material		Kalkbindung und Alkaliabspaltung in mg/g Gesteinsmehl nach *Tagen*						
			1	3	7	14	34	56	90
1.	Österreichischer Traß	CaO	185	214	257	337	395	409	417
		Na_2O	0,7	0,8	0,9	1,0	1,4	1,5	2,0
		K_2O	0,5	1,1	1,9	2,5	3,9	5,1	6,9
2.	Rheinischer Traß	CaO	113	143	224	253	255	272	276
		Na_2O	10,2	10,7	12,1	12,6	15,1	19,9	25,0
		K_2O	1,9	2,2	3,6	4,5	7,2	10,3	13,7
3.	Bayrischer Traß	CaO	104	114	137	174	190	200	199
		Na_2O	–	–	–	0,2	0,8	1,2	1,7
		K_2O	–	–	–	0,1	1,7	1,4	2,0
4.	Puzzolan von Salone	CaO	126	128	155	180	225	248	254
		Na_2O	0,3	0,4	0,9	1,8	2,9	3,7	5,2
		K_2O	0,1	0,2	0,8	2,3	4,3	5,5	7,6
5.	Puzzolan von Bacoli	CaO	117	126	149	180	235	262	266
		Na_2O	1,3	2,2	3,2	4,0	5,3	7,7	10,2
		K_2O	1,0	3,1	4,5	6,8	9,6	12,8	17,0
6.	Trachyt	CaO	77	124	150	148	149	145	151
		Na_2O	3,9	3,1	2,0	1,6	2,0	3,1	3,9
		K_2O	0,3	0,5	0,7	1,0	1,4	2,0	2,5
7.	Phonolith	CaO	80	107	135	179	225	260	257
		Na_2O	4,8	8,8	10,9	13,8	17,4	21,3	26,3
		K_2O	1,4	2,5	4,1	5,8	6,9	9,0	12,1
8.	Basalt	CaO	80	92	116	157	171	173	187
		Na_2O	0,7	1,1	1,4	2,6	3,5	5,1	7,2
		K_2O	0,2	0,3	0,7	1,1	1,8	6,8	12,1

SCHWIETE und LUDWIG [5] bestimmten das Kalkbindungsvermögen verschiedener rheinischer Trasse zu 27–37% CaO nach 90 Tagen, während sie vergleichsweise für die bayrischen Trasse Werte von 19 bis 25% fanden. Die in der vorliegenden Arbeit gefundenen Werte liegen also an der unteren Grenze der von den Autoren ermittelten Werte für die Kalkbindung. Sie untersuchten zusätzlich die Kalkbindung verschiedener Mineralkomponenten der Trasse sowie die Kalkbindung der von den Trassen mit Hilfe schwerer Flüssigkeiten abgetrennten Glasphasen und konnten aus diesen Werten entnehmen, daß die Kalkbindung durch die Glasphase der untersuchten Trasse über 80% der gesamten Kalkbindung ausmacht. Sie folgerten weiter, daß die unterschiedliche Kalkbindung der untersuchten Traßproben in der Hauptsache auf die unterschiedliche chemische Zusammensetzung der vulkanischen Gläser zurückzuführen ist. Ist ein Glas reich an Alkalien, dann wird es nach ZACHARIASSEN und SOSMAN [48, 49] leichter und schneller zersetzt von sauren oder alkalischen Lösungen, da die

Alkali-Ionen in den Gläsern als Netzwerkwandler eingebaut vorliegen und dadurch das Si—O—Si-Gerüst nach dem Schema Si—O—Na aufreißen. Dabei wird das Gitter aufgelockert.
Aus der Tab. 13 war weiter zu entnehmen, daß die Alkaliabspaltung der untersuchten Gesteinsmehle recht unterschiedlich ist. Die Werte für die Alkaliabspaltung sind in der Tab. 14 zusammen mit den Werten für die Kalkbindung und den Mörtelfestigkeiten nach einer Reaktionsdauer von 90 Tagen aufgeführt. Bei dieser Aufstellung wurde die Alkaliabspaltung in Prozenten der Gesamtalkaligehalte der Gesteinsmehle angegeben.

Tab. 14 Vergleich zwischen der Alkaliabspaltung, der Kalkbindung und aen Festigkeiten bei den untersuchten Gesteinsmehlen nach einer Reaktionsdauer von 90 Tagen

	Kalkbindung [%] CaO	Festigkeiten [kp/cm^2] BZ	D	Alkaliabspaltung [%]
1. Österreichischer Traß	41,7	41	183	27,8
2. Rheinischer Traß	27,6	36	111	51,0
3. Puzzolan von Bacoli	26,6	25	92	28,7
4. Puzzolan von Salone	25,4	32	90	24,2
5. Phonolith	25,7	29	68	28,5
6. Bayrischer Traß	19,9	23	60	11,2
7. Basalt	18,7	11	35	50,0
8. Trachyt	15,1	3	16	1,9

Aus den Werten der Tab. 14 kann entnommen werden, daß kein direkter Zusammenhang zwischen der Alkaliabspaltung und der Kalkbindung besteht.
Aus einem Vergleich der Kalkbindung und den Mörtelfestigkeiten zeigt sich dagegen, daß Puzzolanen, Trasse und Gesteinsmehle mit einer hohen Kalkbindung gute Festigkeiten erzielen, d. h., daß zwischen der Kalkbindung und den Mörtelfestigkeiten ein Zusammenhang besteht. Eine Ausnahme macht lediglich der Puzzolan von Salone, dessen Kalkbindungsvermögen im Verhältnis zu seiner Mörtelfestigkeit etwas zu gering ist.
Es muß noch erwähnt werden, daß die getrockneten Bodenkörper der Traß- bzw. Puzzolanen- oder Gesteinsmehl-Kalk-Wasser-Schüttelversuche gasvolumenometrisch auf CO_2 untersucht wurden. Da in sämtlichen Proben CO_2 nur in Spuren nachgewiesen werden konnte, zeigt dies, daß eine Karbonatisierung der Proben in nennenswertem Umfang nicht stattgefunden hat.

4.5 Identifizierung der bei den Gesteinsmehl-Kalk-Wasser-Reaktionen entstehenden Neubildungen

Zur Identifizierung der Neubildungen wurden die Bodenkörper der Traß- bzw. Puzzolanen- oder Gesteinsmehl-Kalk-Wasser-Suspensionen nach einer Reaktionsdauer von 90 Tagen röntgenographisch untersucht. Bei der Auswertung der Röntgenzählrohraufnahmen wurden als Abkürzungen folgende Symbole verwendet:

T = CSH-Phasen (tobermoritähnliche Phasen)
G = $2\,CaO \cdot Al_2O_3 \cdot SiO_2 \cdot 8\,H_2O$ (Gehlenithydrat)
C = $4\,CaO \cdot Al_2O_3 \cdot 13\,H_2O$
X = $3\,CaO \cdot (Al, Fe)_2O_3 \cdot n\,SiO_2 \cdot (6 - 2\,n)\,H_2O$ (n = 1–3)
E = $3\,CaO \cdot Al_2O_3 \cdot 3\,CaSO_4 \cdot 32\,H_2O$ (Ettringit)
M = $3\,CaO \cdot Al_2O_3 \cdot CaSO_4 \cdot 12\,H_2O$
A = $3\,CaO \cdot Al_2O_3 \cdot 8\text{–}12\,H_2O$

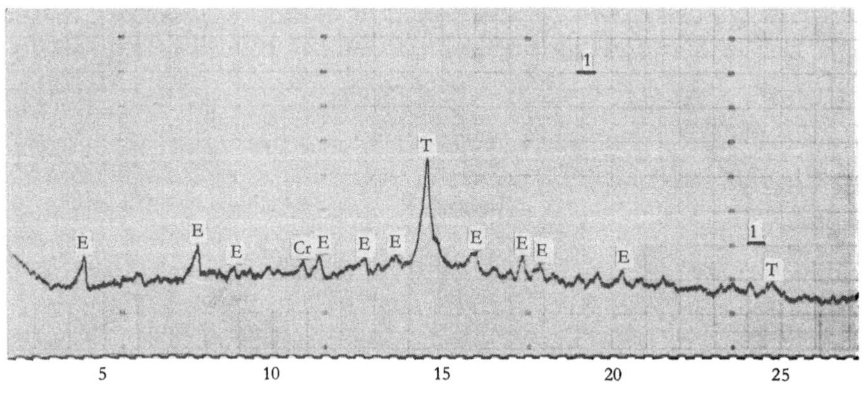

Abb. 10 Röntgendiagramm des Bodenkörpers aus dem Kalkbindungsversuch mit österreichischem Traß
(Reaktionsdauer 90 Tage)

4.5.1 Österreichischer Traß

Die Abb. 10 zeigt das Röntgendiagramm des Bodenkörpers, das beim Umsatz von österreichischem Traß mit Kalk in wäßriger Lösung erhalten wurde.
Der Abb. 10 ist zu entnehmen:

1. Daß die Interferenzen des Kalziumhydroxides nach einer Reaktionsdauer von 90 Tagen nur noch schwach angedeutet sind, was auf eine starke Kalkbindung hindeutet und auch in guter Übereinstimmung mit der gemessenen starken Kalkbindung von 40,7% steht.
2. Daß die starke Abnahme der Interferenzen des Cristobalites, Analzims, Alunites und des Kaolinites auf eine starke Reaktion zwischen diesen Mineralien und dem Kalk hindeuten.
3. Daß Interferenzen von Neubildungen auftreten, die teilweise dem Ettringit ($C_3ACs_3H_{32}$) zugeordnet werden können. Aus der Höhe der Ettringit-Interferenzen kann geschlossen werden, daß sich der Ettringit in beachtlicher Menge gebildet hat. Aus dem SO_3-Gehalt des österreichischen Trasses von 1,96% wird eine Ettringitbildung von 19% möglich.

4. Kubische oder hexagonale Kalziumaluminathydrate haben sich nicht gebildet, d. h., daß die am Umsatz beteiligte Tonerde in dem Ettringit enthalten sein muß.
5. Bei dem Umsatz zwischen österreicheischem Traß und Kalk treten zusätzlich in starkem Maße CSH-Phasen auf. Aus dem Vergleich der stärksten Interferenz mit den entsprechenden Interferenzen bei den übrigen untersuchten Materialien kann geschlossen werden, daß die Kalziumsilikathydratbildung bei dem österreichischen Traß am stärksten war. Dies steht auch in Einklang mit dem Verschwinden der in dem Ausgangstraß sehr starken Cristobalitinterferenz.

Aus der Auswertung des Röntgendiagramms kann weiter gefolgert werden, daß die Kalkbindung und die Erhärtung der österreichischen Trasse hauptsächlich auf die Bildung von CSH-Phasen und von Ettringit zurückzuführen ist.

4.5.2 Rheinischer Traß

Bei der Reaktion zwischen rheinischem Traß und Kalk in wäßrigen Lösungen wurde nach einer Reaktionsdauer von 90 Tagen ein Bodenkörper erhalten, dessen Röntgendiagramm in der Abb. 11 wiedergegeben ist.

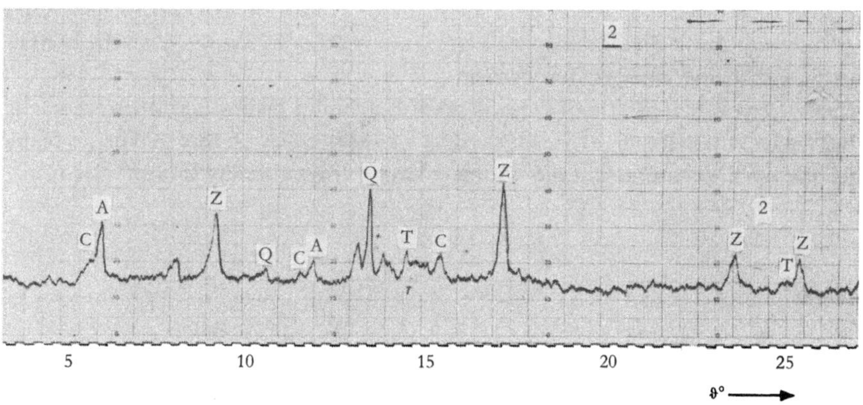

Abb. 11 Röntgendiagramm des Bodenkörpers aus dem Kalkbindungsversuch mit rheinischem Traß
(Reaktionsdauer 90 Tage)

Die Auswertung dieses Zählrohrdiagrammes ergibt folgende Erkenntnisse:
1. Daß die Interferenzen des Quarzes im Vergleich zu den Interferenzen der anderen im rheinischen Traß anwesenden Mineralien am wenigsten abgenommen haben. Dieses Ergebnis steht in Einklang mit dem geringen Kalkbindungsvermögen des Quarzes, worauf SCHWIETE und LUDWIG [5] bei ihren Untersuchungen hingewiesen haben.

2. Daß eine starke Abnahme der Interferenzen des Analzims, des Chabasites, des Leuzites sowie des Kaolinites zu beobachten ist.
3. Daß neue Hydratphasen auftreten, die an Hand ihrer Röntgeninterferenz als C_4AH_{13}, C_3AH_{8-12} und CSH-Phasen identifiziert werden konnten.

Beim Umsatz von rheinischem Traß mit Kalkhydrat treten Interferenzen bei 7,65 und 3,77 Å auf, die nach neueren Untersuchungen von Ludwig und Schwiete [50] dem C_3AH_{8-12} zugeordnet werden müssen. Ein ähnliches Hydrat der Zusammensetzung C_3AH_{10} fanden Malquori und Cirilli [51] in Übereinstimmung mit Gallo [34]. Nach den Ausführungen von Lhopitallier [52] mußte es sich jedoch bei dem vorliegenden Hydrat um das Carboaluminathydrat $3\,CaO \cdot Al_2O_3 \cdot CaCO_3 \cdot n\,H_2O$ handeln, das von Turriziani und Schippa [53] untersucht wurde. Ludwig und Schwiete [50] konnten jedoch die Entstehungsbedingungen des 7,65-Å-Hydrates und ihre Beobachtungen nicht mit der Bildung des Carboaluminathydrates in Einklang bringen und folgerten, daß es sich bei diesem Hydrat wahrscheinlich nicht um ein reines Kalziumaluminathydrat, sondern um ein durch Einbau von zum Beispiel Si^{4+} stabilisiertes Hydrat handelt.

Zusammenfassend ergibt sich, daß sich der rheinische Traß in Verbindung mit Kalk in wäßrigen Lösungen zu Kalziumaluminathydraten (C_4AH_{13}, C_3AH_{8-12}) und CSH-Phasen umzusetzen vermag. Dieses Umsetzungsvermögen des rheinischen Trasses wird als Ursache für das hydraulische Erhärtungsvermögen angesehen. Nachdem die Beteiligung des C_4AH_{13} an der Entwicklung von Festigkeiten umstritten ist, wird empfohlen, dem Traß-Kalk ein geeignetes Sulfat zuzusetzen, damit die Bildung des Ettringites stattfinden kann, der in die hydraulische Erhärtung einzugreifen vermag.

Einen Beweis für die Richtigkeit dieser Empfehlung liefern die Mörtelversuche, bei denen zusätzlich eine Gipsdosierung vorgenommen wurde. Bis heute fehlen jedoch noch Versuche, um die optimale Dosierung zu ermitteln.

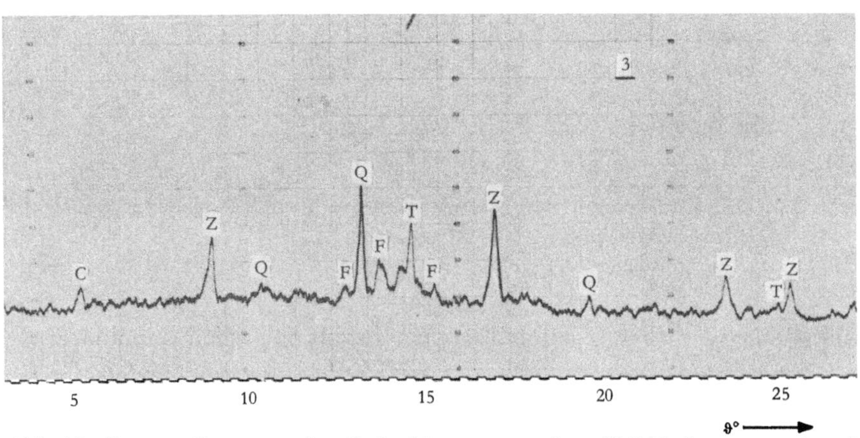

Abb. 12 Röntgendiagramm des Bodenkörpers aus dem Kalkbindungsversuch mit bayrischem Traß
(Reaktionsdauer 90 Tage)

4.5.3 Bayrischer Traß

Die nachfolgende Abb. 12 zeigt das Röntgenzählrohrdiagramm des Bodenkörpers aus dem Kalk-Bindungsversuch mit bayrischem Traß.

Die Auswertung dieses Zählrohrdiagrammes ergibt:

1. Daß die Interferenzen des $Ca(OH)_2$ noch deutlich zu erkennen sind, was bedeutet, daß das Umsetzungsvermögen des bayrischen Trasses mit Kalk nicht so groß ist wie bei dem besprochenen rheinischen bzw. österreichischen Traß.
2. Sind die Interferenzen des Quarzes noch unverändert zu sehen, während bei denen des Feldspates eine deutliche Abnahme zu beobachten ist.
3. Ist an Hand der Interferenzen zu erkennen, daß die Kalkbindung des bayrischen Trasses auf die Bildung des schon öfter beobachteten C_4AH_{13} und der CSH-Phase zurückzuführen ist.

Das Röntgendiagramm weist darauf hin, daß der Kalziumsilikathydratbildung eine größere Bedeutung beizumessen ist, als der Kalziumaluminathydratbildung, was auch bereits früher von Schwiete und Ludwig [5] beobachtet wurde. Daraus ist zu folgern, daß ein Festigkeitsbeitrag des bayrischen Trasses in Verbindung mit Normenmörteln aus Portlandzement in erster Linie auf die Bildung einer CSH-Phase in Verbindung mit freiem Kalk zurückzuführen ist.

4.5.4 Puzzolan von Salone

Interessant sind die Hydratationsprodukte, die sich bilden, wenn man den Puzzolan von Salone mit Kalk in wäßrigen Lösungen umsetzt. Das Röntgendiagramm, das von diesen Bodenkörpern nach 90 Tagen erhalten wurde, gibt die Abb. 13 wieder.

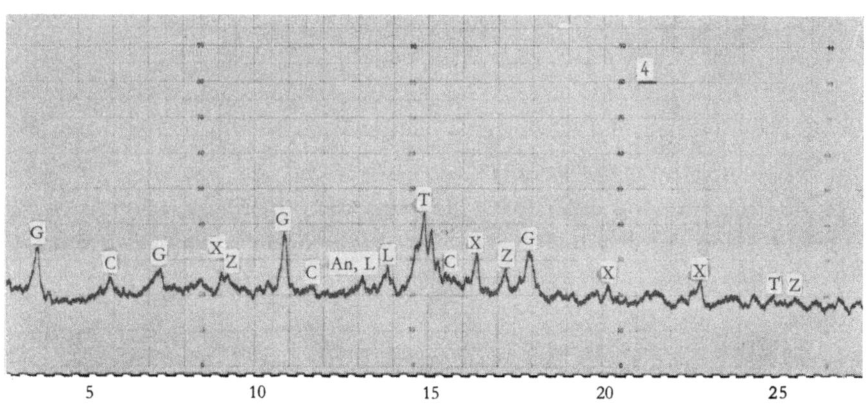

Abb. 13 Röntgendiagramm des Bodenkörpers aus dem Kalkbindungsversuch mit dem Puzzolan von Salone
(Reaktionsdauer 90 Tage)

Die Auswertung dieses Röntgendiagrammes hat folgendes Ergebnis:

1. Die Interferenzen des $Ca(OH)_2$ sind noch zu erkennen.
2. Die Interferenzen des Analzims, des Leuzits sowie des Augits haben stark abgenommen.
3. Die neu aufgetretenen Interferenzen konnten dem Gehlenithydrat (C_2ASH_8), dem C_4AH_{13} und der CSH-Phase zugeordnet werden.

Einen Vergleich der Hauptinterferenzen für das Gehlenithydrat mit den Werten, die von SCHWIETE und LUDWIG [5] gefunden worden sind, zeigt die untenstehende Tab. 15:

Tab. 15 Hauptinterferenzen des Gehlenithydrates (C_2ASH_8)

d-Werte des C_2ASH_8	
SCHWIETE und LUDWIG [5]	Neu gefundene Werte
12,60	12,44
6,30	6,26
4,24	4,20

Die Bildung des Gehlenithydrates ist insofern besonders interessant, da sie an gewisse Al_2O_3—SiO_2-Strukturelemente gebunden zu sein scheint. Bisher konnte es nur bei dem Umsatz von gebranntem Kaolinit, Gehlenitglas bzw. von Hochofenschlacken der chemischen Zusammensetzungen des Gehlenites mit Kalk in wäßrigen Lösungen erhalten werden.

LOCHER [54] und ZUR STRASSEN [55] stellten fest, daß das Gehlenithydrat in Anwesenheit von Kalk nicht stabil ist und durch Aufnahme von CaO in Hydrogranate übergeht. Die vorliegenden Untersuchungen haben ergeben, daß bei der Reaktion zwischen dem Puzzolan von Salone mit Kalk in wäßrigen Lösungen folgende Verbindungen entstehen können:

1. Gehlenithydrat,
2. CSH-Phasen,
3. C_4AH_{13} und
4. mit großer Wahrscheinlichkeit C_3AH_6 bzw. durch Kieselsäureaufnahme ein entsprechender Hydrogranat.

Aus der Auswertung des Röntgendiagrammes kann also geschlossen werden, daß die Erhärtung und das Kalkbindungsvermögen des Puzzolanes von Salone auf die Bildung von Kalziumsilikathydraten, von Kalziumaluminathydraten und von quaternären Hydraten zurückzuführen ist.

4.5.5 Puzzolan von Bacoli

Die nachfolgende Abb. 14 zeigt das Zählrohrdiagramm des Bodenkörpers aus der Reaktion des Puzzolanes von Bacoli mit Kalk in wäßriger Lösung.

Die Auswertung des Zählrohrdiagrammes ergab:

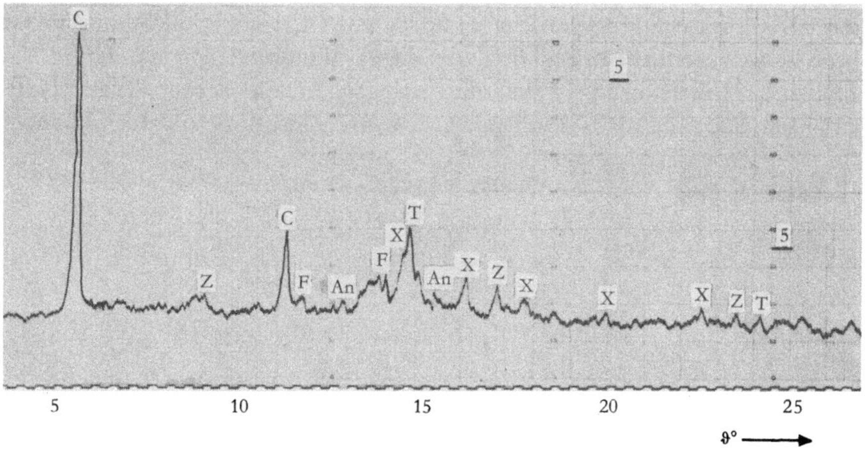

Abb. 14 Röntgendiagramm des Bodenkörpers aus dem Kalkbindungsversuch mit dem Puzzolan von Bacoli (Reaktionsdauer 90 Tage)

1. Die Interferenzen des Kalziumhydroxides sind nur noch schwach angedeutet und zeigen damit die gute Kalkbindung dieses Puzzolanes an.
2. Die Abnahme der Interferenzen des Feldspates lassen darauf schließen, daß der Feldspat unter dem Einfluß der Kalklösung zum Teil zersetzt wurde.
3. Es treten neue Interferenzen auf, die dem C_4AH_{13} bzw. der CSH-Phase zugeordnet werden konnten. Ähnlich wie bei dem Puzzolan von Salone, ist auch bei dem Puzzolan von Bacoli mit der Bildung von Hydrogranaten zu rechnen. Dabei dürfte allerdings der mengenmäßige Anteil gering sein gegenüber den anderen Hydratphasen (C_4AH_{13} und CSH-Phase).

Die vorliegenden Meßergebnisse zeigen eindeutig, daß das Reaktionsvermögen der Puzzolan von Bacoli mit Kalk in wäßrigen Lösungen auf die Bildung von Tetrakalziumaluminathydrat und CSH-Phasen zurückzuführen ist. Unter Vorbehalt ist mit der Bildung von Hydrogranaten zu rechnen.

4.5.6 Trachyt von Selters

Das Zählrohrdiagramm des Bodenkörpers des mit Kalk und Wasser geschüttelten Trachytes zeigt die nachfolgende Abb. 15.
Die Auswertung dieses Röntgendiagrammes hat folgendes Ergebnis:

1. Die Interferenzen des $Ca(OH)_2$ sind noch stark ausgebildet, was mit der geringen, gefundenen Kalkbindung in guter Übereinstimmung steht.
2. Es wird eine starke Abnahme der Feldspat-Interferenzen beobachtet, obwohl diese Interferenzen immer noch das Bild des Zählrohrdiagrammes beherrschen.
3. Es sind schwache Interferenzen aufgetreten, die auf die Bildung von geringen Anteilen C_4AH_{13}, C_3AH_{8-12} und CSH-Phase zurückzuführen sind.

Das geringe hydraulische Erhärtungsvermögen des Trachytes in Verbindung mit Kalkhydrat in Mörtelmischung findet seine Erklärung nicht nur in der beobachteten geringeren Kalkbindung dieses Materiales, sondern findet eine zusätzliche Unterstützung durch die geringen Anteile neugebildeter Hydratationsprodukte, die als CSH-Phasen und C_4AH_{13} identifiziert werden konnten.

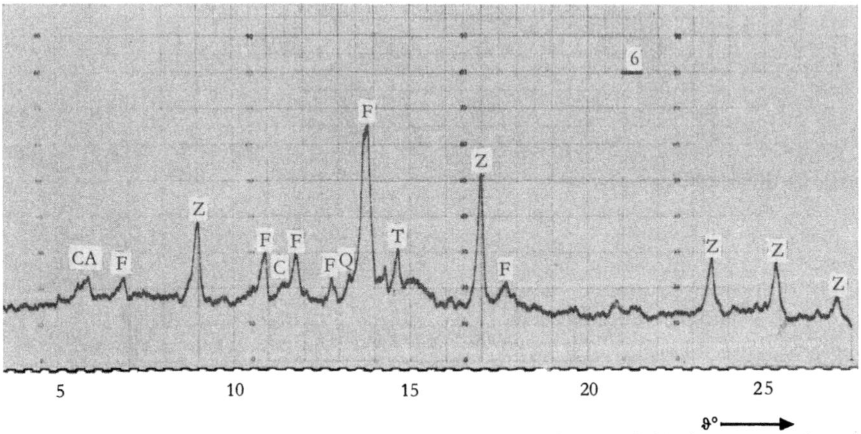

Abb. 15 Röntgendiagramm des Bodenkörpers aus dem Kalkbindungsversuch mit Trachyt
(Reaktionsdauer 90 Tage)

4.5.7 Phonolith von Brenk

Ein recht interessanter Bodenkörper wurde bei der Reaktion zwischen Phonolith und Kalk in wäßriger Lösung erhalten, wie das Röntgendiagramm in der folgenden Abb. 16 ausweist:

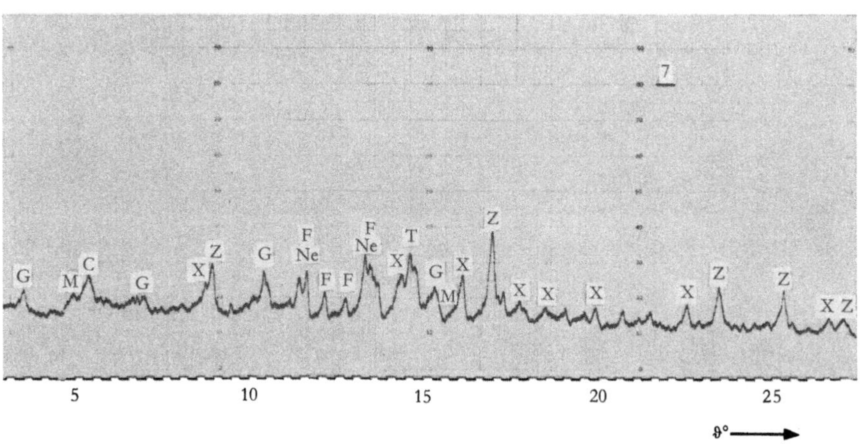

Abb. 16 Röntgendiagramm des Bodenkörpers aus dem Kalkbindungsversuch mit Phonolith
(Reaktionsdauer 90 Tage)

Die Auswertung des Zählrohrdiagrammes der Abb. 16 ergab:

1. Der Bodenkörper enthält noch freies Kalziumhydroxid.
2. Die Hauptinterferenzen des Feldspates zeigen eine starke Abnahme, d. h. der Feldspat wird von der Kalklösung angegriffen und zersetzt.
3. Es treten zahlreiche neue Interferenzen auf, welche dem Gehlenithydrat (C_2ASH_8), dem Tetrakalziumaluminathydrat (C_4AH_{13}), dem Monokalziumsulfathydrat ($C_3A\,CsH_{12}$) und der CSH-Phase zugeordnet werden konnten. Auch hier wird die Bildung von Hydrogranaten vom Typhus des $C_3(A,F)S_xH_y$ angenommen.

Die bei den Festigkeitsuntersuchungen und den Kalkbindungsversuchen gemachte Beobachtung, daß der Phonolith gegenüber den anderen untersuchten Gesteinsmehlen verhältnismäßig stark in die Erhärtung eingreift und auch ein hohes Kalkbindungsvermögen aufweist, findet durch die Identifizierung der zahlreichen Hydratneubildungen eine Erklärung. Für die relativ hohen Festigkeiten dürfte der alkalireiche Glasgehalt und der SO_3-Gehalt des Phonolithes und die damit verbundene Bildung des Monokalziumaluminatsulfathydrates von großer Bedeutung sein.

4.5.8 Basalt von Linz

Schließlich zeigt die Abb. 17 noch das Röntgenzählrohrdiagramm des Bodenkörpers, das bei der Reaktion zwischen Basalt und Kalk in wäßriger Lösung erhalten wurde.

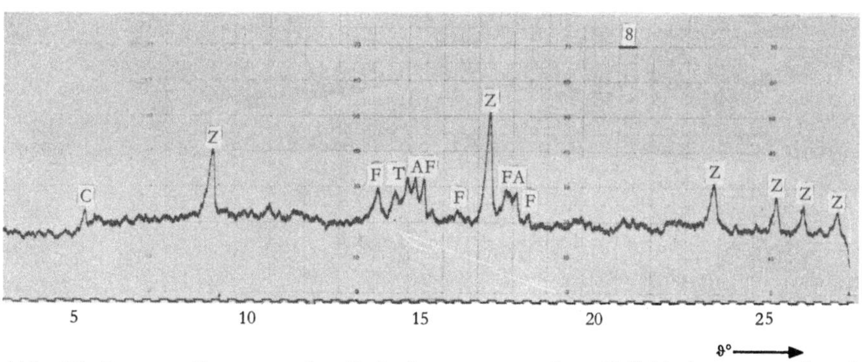

Abb. 17 Röntgendiagramm des Bodenkörpers aus dem Kalkbindungsversuch mit Basalt
(Reaktionsdauer 90 Tage)

Die röntgenographische Untersuchung des Bodenkörpers hatte folgendes Ergebnis:

1. Die Interferenzen des $Ca(OH)_2$ sind noch stark ausgeprägt, was mit der bei den chemischen Untersuchungen festgestellten geringen Kalkbindung in guter Übereinstimmung steht.

2. Interferenzen von Hydratneubildungen sind nur schwach angedeutet. Bei den neugebildeten Hydraten handelt es sich um C_4AH_{13} und um CSH-Phasen.

Das Röntgenzählrohrdiagramm mit den nur schwach angedeuteten Interferenzen der Hydratneubildungen erklärt das geringe hydraulische Reaktionsvermögen des Basaltes in Verbindung mit Kalk in Mörtelmischungen.

5. Zusammenfassung

5.1

Es war das Ziel der Arbeit, die Festigkeiten, die Kalkbindung und die bei der Kalkbindung entstehenden Neubildungen an folgenden Materialien zu untersuchen:
Österreichischer Traß, rheinischer Traß, bayrischer Traß, Puzzolan von Salone, Puzzolan von Bacoli, Trachyt, Phonolith und Basalt.

5.2

Bemerkenswert ist, daß bei gleichen spezifischen Oberflächen nach dem Blaine-Verfahren; die mit der Stickstoffadsorption gemessenen Werte 4,4- bis 66mal so hoch liegen, d. h., daß diese Werte bei der Beurteilung der Hydraulizität von Puzzolanen sicher berücksichtigt werden müssen.

5.3

Die Bestimmung der spezifischen Gewichte der untersuchten Tuffe und Gesteinsmehle ergaben Werte zwischen 2,30 und 3,03 g/cm^3, wobei der Phonolith das geringste und der Basalt das höchste spezifische Gewicht aufweisen.

5.4

Die chemischen Analysen zeigen die Unterschiede der einzelnen Materialien. Auffallend sind der große Glühverlust des österreichischen Trasses, der in erster Linie auf die Anwesenheit von Opal und Alunit sowie von Kaolinit in diesem Material zurückgeführt werden muß, sowie der SO_3-Gehalt des österreichischen Trasses und des Phonolithes. Dabei können im österreichischen Traß der Alunit und im Phonolith der Nosean für die Anwesenheit des SO_3 verantwortlich gemacht werden.
Bemerkenswert ist auch der hohe Eisenoxidgehalt in dem Puzzolanen von Salone, der durch die Anwesenheit von Augit erklärt werden kann. Der hohe Alkaligehalt des Phonolithes ist mit Sicherheit eine Folge des hohen Feldspat- bzw. Sanidingehaltes und des Alkaligehaltes der Glasphase des Phonolithes.

5.5

Die Röntgenzählrohrdiagramme der untersuchten Gesteinsmehle zeigen große Unterschiede in der mineralogischen Zusammensetzung.

Der Zeolith Chabasit kommt nur in geringen Mengen in dem rheinischen Traß und in dem Puzzolan von Salone vor, während in den anderen untersuchten Materialien das Mineral Chabasit röntgenographisch nicht nachgewiesen werden konnte. Analzim konnte in etwas größeren Mengen im österreichischen Traß, dem rheinischen Traß, dem Puzzolan von Salone und von Bacoli beobachtet werden.
Mit Ausnahme des Phonolithes, der das Mineral Nosean enthält, konnten bei den übrigen untersuchten Gesteinsmehlen keine Sodalithmineralien röntgenographisch nachgewiesen werden.

5.6

Die Untersuchung der Mörtelfestigkeiten ergab, daß der österreichische Traß die höchsten Festigkeiten erzielte, gefolgt von dem rheinischen Traß und den beiden italienischen Puzzolanen von Salone und Bacoli. Der Phonolith erreicht zunächst höhere Endfestigkeiten als der bayrische Traß.
Bei der Wiederholung der Festigkeitsuntersuchungen an den Tuff- bzw. Gesteinsmehl-Kalk-Mörteln, wobei den SO_3-freien Gesteinsmehlen 4% Gipsstein zugesetzt wurden, zeigt sich eine Zunahme der Biegezugfestigkeiten von bis zu 13 kp/cm³. Auch die Druckfestigkeit der Mörtel mit den Gipszusätzen werden zum Teil merklich erhöht, ohne daß sich allerdings eine wesentliche Verschiebung der Reihenfolge der schon bekannten Hydraulizität ergeben hätte, nur der bayrische Traß erzielte jetzt bessere Festigkeiten als der Phonolith.

5.7

Die Untersuchung der Kalkbindung ergab für die untersuchten Gesteinsmehle nach 90 Tagen Werte, die zwischen 417 und 151 mg CaO/g Tuff bzw. Gesteinsmehl lagen. Der österreichische Traß hatte die höchste, die deutschen Trasse und die italienischen Puzzolane sowie der Phonolith eine mittlere und die Gesteinsmehle Basalt und Trachyt die geringste Kalkbindung.
Die unterschiedliche Kalkbindung der Materialien ist in erster Linie eine Folge der mineralogischen Zusammensetzung der Gesteinsmehle bzw. Tuffe und der chemischen Zusammensetzung der vulkanischen Gläser.
Ein direkter Zusammenhang zwischen der Kalkbindung, der Alkaliabspaltung und den Mörtelfestigkeiten konnte nicht nachgewiesen werden. Im allgemeinen hatten jedoch die Materialien mit der höheren Kalkbindung auch die größten Festigkeiten, d. h. die höhere hydraulische Wirksamkeit.

5.8

Mit Hilfe der Röntgenanalyse konnte in den Bodenkörpern festgestellt werden, daß bei der Umsetzung von Kalk mit den Tuffen bzw. Gesteinsmehlen in wäßrigen Lösungen folgende Hydratneubildungen entstehen:

Der österreichische Traß reagiert mit Kalk in wäßrigen Lösungen unter Bildung von CSH-Phasen und Ettringit, wobei die Ettringitbildung auf das Vorhandensein von SO_3 im österreichischen Traß zurückgeführt werden muß.
Der rheinische Traß, der bayrische Traß, der Puzzolan von Bacoli, der Trachyt und der Basalt reagieren mit Kalk in wäßrigen Lösungen unter Bildung von CSH-Phasen und C_4AH_{13}, wobei diese Hydratphasen in dem Trachyt und in dem Basalt nur in geringen Anteilen vorliegen. Zusätzlich wurde beim rheinischen Traß und beim Trachyt die Bildung von C_3AH_{8-12} beobachtet.
Der Puzzolan von Salone reagiert mit Kalk in wäßrigen Lösungen unter Bildung von CSH-Phasen und von Gehlenithydrat. Zusätzlich ist das Auftreten von Hydrogranaten wahrscheinlich.
Beim Phonolith wurden CSH-Phasen neben C_4AH_{13}, Gehlenithydrat und dem Trikalziumaluminatmonosulfat-12-Hydrat beobachtet. Außerdem ist beim Phonolith ebenfalls mit der Bildung von Hydrogranaten zu rechnen.

Prof. Dr. phil. nat. habil. Hans-Ernst Schwiete
Dipl.-Chem. Petrus Kastanja
Dr.-Ing. Udo Ludwig

Literaturverzeichnis

[1] Hambloch, A., Vortrag im Bezirksverein des VDI in Koblenz am 2. 2. 1909: Der Traß, seine Entstehung, Gewinnung, Bedeutung im Dienste der Technik.

[2] Schwiete, H. E., und U. Ludwig, Der Tuff, seine Entstehung und Konstitution und seine Verwendung im Baugewerbe im Spiegel der Literatur. Forschungsbericht Nr. 948 des Landes NRW. Westdeutscher Verlag, Opladen 1961.

[3] Schwiete, H. E., U. Ludwig und K. H. Wigger, Die Konstitution einiger rheinischer und bayrischer Trasse. Forschungsbericht Nr. 956 des Landes NRW. Westdeutscher Verlag, Opladen 1961.

[4] Schwiete, H. E., und U. Ludwig, Das Verhalten von rheinischem und bayrischem Traß in hydraulischen Bindemitteln. Forschungsbericht Nr. 979 des Landes NRW. Westdeutscher Verlag, Opladen 1961.

[5] Schwiete, H. E., und U. Ludwig, Die Bindung des freien Kalkes und die bei den Traß–Kalk-Reaktionen entstehenden Neubildungen. Forschungsbericht Nr. 978 des Landes NRW. Westdeutscher Verlag, Opladen 1961.

[6] Graz, E., Johanneum, Mineralogisches Mitteilungsblatt, H. 1 (1954), S. 15.

[7] Hart, H., Tonindustriezeitung, 55 (1931), 66ff. und 84ff.

[8] Rodt, V., Zement, 23 (1934), 431.

[9] Völzing, O., Der Traß des Brohltales. Jahrb. d. Preuß. Geol. Landesanst., Bd. 28, Berlin 1907.

[10] Bruhns, W., Verh. d. naturhist. Ver. d. Preuß. Rheinlande, 48 (1899), 282.

[11] Spalovsky, F., Zement, Kalk, Gips, 4 (1951), 58ff.

[12] Schowalter, J., Chem. geol. Studien im Ries b. Nördlingen. Inaug. Diss., Erlangen 1904.

[13] Oberndörfer, R., Die vulk. Tuffe des Rieses b. Nördlingen. J. Ver. vaterl. Nat. in Württ., 61. Jahrg., 1905.

[14] Sersale, R., Problemi di Mineralogia Applicata, Pavia 1962.

[15] Scherillo, A., Petrografia Chimica dei Tufi Flegrei, Tufo Giallo, Mappamonte, Pozzolana. Acc. Sc. Fis. e Mat., Serie 4a, Vol. 17 (1950), 343–356, Napoli.

[16] Ludwig, U., und H. E. Schwiete, Beitrag zur Konstitution einiger rheinischer Trasse. Zement-Kalk-Gips, 15 (1962), 160–165.

[17] Frechen, J., und H. Straka, Die Naturw., 37 (1950), 184.

[18] Tannhäuser, F., Der Hydratwassergehalt im Traß. Bautechnische Gesteinsuntersuchungen, 2 (1911), H. 2.

[19] Hoppmann, M., J. Frechen und G. Knetsch, Die vulkanische Eifel. Georg Fischer Verlag, Wittl. 1951.

[20] Michels, F. X., Dissertation, Aachen 1950.

[21] Sauer, A., Petrographische Studien an Lavabomben aus dem Ries. Jahresb. Nat. Württ., 57, p. IXXXVIII.

[22] Nathan, H., Untersuchungen im Ries. Neues Jahrb., Beil. Bd. 53 (1925), Abh. d. geol. Landesuntersuchung am Bayer. Oberbergamt, H. 19 (1935).

[23] Ahrens, W., Die Tuffe des Nördlinger Rieses und ihre Bedeutung für das Gesamtproblem. Z. deutsch. geol. Ges., 81 (1929).

[24] Angel, F., Einige Pseudotachylytfunde in den österreichischen Zentralalpen. Verh. d. geol. Bundesanst., Wien 1931.

[25] Wurm, A., Über tektonische Aufschmelzungsgesteine und ihre Bedeutung. Z. F. Vulk., XVI (1935).
[26] Ackermann, W., Geologisch-petrographische Untersuchungen im Ries. Geol. Jb., 75 (1958), 135.
[27] Guye, F., Propriétés des Pouzzolanes naturelles et artificielles. Congresso Internazienale del Cemento, Lisboa 1960.
[28] Chapelle, J., Attaque sulfo-calcique des laitiers et des pouzzolanes. Rev. Nat. Constr., Nr. 513 (1958), 161.
[29] Charlot, G., und D. Bezier, Analyse Quantitative Minerale. 3. Aufl. 1955, S. 675.
[30] Tannhäuser, F., Mittlg. a. d. Mineral-Geol. Inst. d. Kgl. Techn. Hochsch. 1911, H. II, 34.
[31] Tannhäuser, F., Ein Beitrag zur Petrographie des Trasses und zur Erklärung seiner hydraul. Wirkungsweise. Bautechn. Gesteinsuntersuchungen, 2 (1911), H. 1.
[32] Lunge, G., Baumaterialkunde, 10 (1905), 141.
[33] Steopoe, A., Tonindustrie-Zeitung, 52 (1928), 1609.
[34] Gallo, G., Gazz. chim. ital., 2 (1908), 38.
[35] Chapelle, J., Attaque sulfo calcique des laitiers e des pouzzolanes. La Revue des Materiqux des Construction Nr. 511, 512, 513, 514, 515, 516 (1958).
[36] Emley, Trans. American Ceram. Soc. (1915), 720.
[37] Rodt, V., Zement, 24 (1935), 94.
[38] Konarzewski, J., und W. Lukaszewicz, Zement, 21 (1932), 533.
[39] Wittekindt, W., Tonindustriezeitung, 59 (1935), 139.
[40] Brunauer, St., D. L. Kantro und E. E. Pressler, Anal. Chem., 28 (1956), 896.
[41] Franke, B., Z. f. Anorg. Allgem. Chemie, 247 (1941), 190.
[42] Schläpfer und Bukowsky, Ber. d. eidg. Materialprüfungsanstalt Zürich, Nr. 63 (1933).
[43] Malquori, G., Annali die Chimica, 44 (1954), 643.
[44] Malquori, G., und R. Sersale, Analogie Costitutionali fra il »Trass« Renano e il Tufo Giallo Napoletano, Estratto dal fascicolo die Maggio 1959, dell' Industria Italiana del Cemento.
[45] Sersale, R., und V. Sabatelli, Sul' Attiva Pozzolanica Delle Zeoliti Estratto dal Rend. dell Accademica die Scienze Fisiche e Matematiche della Societa Nazonale di Scienze. Lettere ed Arti in Napoli, Serie 4 – Vol. XXVIII – 1961.
[46] Sersale, R., und V. Sabatelli, Attivita Puzzolanica Dell' Herschelite. La Ricerca Scientifica, 30; 1960, Nr. 12.
[47] Strätling, W., Dissertation, Braunschw. 1937, Zementverl. G. m. b. H., Berlin-Charlottenburg 2, 1938.
[48] Zachariasen, W. H., J. Amer. Chem. Soc., 54 (1932), 3841.
[49] Sosman, R. B., Properties of Silica, New York 1927, S. 33.
[50] Ludwig, U., und H. E. Schwiete, Kalkbindung und Neubildungen bei den Traß–Kalk-Reaktionen. Zement, Kalk, Gips, 52 (1963), 421–431.
[51] Malquori, G., und V. Cirilli, Ricerca Scientifica, 14 I (1943), 85.
[52] Lhopitallier, P., Chemistry of Cement. Proc. 4. Int. Symposium, Washington 1960, Bd. 2, 1028.
[53] Turriziani, R., und G. Schippa, Ricerca Scientifica, 26 1956), Nr. 9, 2792.
[54] Locher, F. W., Hydraulische Eigenschaften von kalkreichen Gläsern des Systems $CaO—Al_2O_3—SiO_2$. Schriftenreihe der Zementindustrie, H. 25, 1960.
[55] zur Strassen, H., Die chemischen Reaktionen bei der Zementerhärtung. Zement, Kalk, Gips, 11 (1958), 137–143.

FORSCHUNGSBERICHTE DES LANDES NORDRHEIN-WESTFALEN

Herausgegeben im Auftrage des Ministerpräsidenten Dr. Franz Meyers von Staatssekretär Prof. Dr. h. c. Dr.-Ing. E. h. Leo Brandt

BAU · STEINE · ERDEN

HEFT 36
Forschungsinstitut der Feuerfest-Industrie, Bonn
Untersuchungen über die Trocknung von Rohton. Untersuchungen über die chemische Reinigung von Silikat- und Schamotte-Rohstoffen mit chlorhaltigen Gasen
1953. 51 Seiten, 5 Abb., 5 Tabellen. DM 11,—

HEFT 37
Forschungsinstitut für Feuerfest-Industrie, Bonn
Untersuchungen über den Einfluß der Probenvorbereitung auf die Kaltdruckfestigkeit feuerfester Steine. Untersuchungen über die Abnutzung von Strangpressen-Messern bei der Verarbeitung plastischer Schamotte-Massen
1953. 33 Seiten, 2 Abb., 5 Tabellen. DM 7,80

HEFT 59
Forschungsinstitut für Feuerfest-Industrie, Bonn
Ein Schnellanalysenverfahren zur Bestimmung von Aluminiumoxyd, Eisenoxyd und Titanoxyd in feuerfestem Material mittels organischer Farbreagenzien auf photometrischem Wege.
Untersuchungen des Alkali-Gehaltes feuerfester Stoffe mit dem Flammenphotometer nach Riehm-Lange
1954. 52 Seiten, 12 Abb., 3 Tabellen. Vergriffen

HEFT 76
Max-Planck-Institut für Arbeitsphysiologie, Dortmund
Arbeitstechnische und arbeitsphysiologische Rationalisierung von Mauersteinen
1954. 41 Seiten 12 Abb., 3 Tabellen. DM 10,20

HEFT 81
Prüf- und Forschungsinstitut für Ziegeleierzeugnisse, Essen-Kray
Die Einführung des großformatigen Einheits-Gitterziegels im Lande Nordrhein-Westfalen
1954. 54 Seiten, 2 Abb., 2 Tabellen, 7 Seiten Anhang. DM 10,—

HEFT 90
Forschungsinstitut der Feuerfest-Industrie, Bonn
Das Verhalten von Silikatsteinen im Siemens-Martin-Ofengewölbe
1954. 49 Seiten, 15 Abb., 11 Tabellen. DM 11,90

HEFT 91
Forschungsinstitut der Feuerfest-Industrie, Bonn
Untersuchungen des Zusammenhangs zwischen Leistung und Kohlenverbrauch von Kammer-Öfen zum Brennen von feuerfesten Materialien
1954. 29 Seiten, 6 Abb. DM 8,30

HEFT 106
Oberregierungsrat Dr.-Ing. W. Küch, Dortmund
Untersuchungen über die Einwirkung von feuchtigkeitsgesättigter Luft auf die Festigkeit von Leimverbindungen
1954. 64 Seiten, 10 Abb., 6 Tabellen. DM 11,40

HEFT 111
Fachverband Steinzeugindustrie, Köln
Die Entwicklung eines Gerätes zur Beschickung seitlicher Feuer von Steinzeug-Einzelkammeröfen mit festen Brennstoffen
1955. 31 Seiten, 16 Abb. DM 9,40

HEFT 127
Güteschutz Betonstein e. V., Arbeitskreis Nordrhein-Westfalen, Dortmund
Die Betonwaren-Gütesicherung im Lande Nordrhein-Westfalen
1954. 44 Seiten, 15 Abb., 3 Tabellen. DM 11,50

HEFT 142
Dipl.-Ing. G. M. F. Wiebel, Hannover, A. Konermann und A. Ottenheym, Sennelager
Entwicklung eines Kalksandleichtsteines
1955. 21 Seiten, 4 Abb. DM 8,—

HEFT 149

Dr.-Ing. Kamillo Konopicky und
Dipl.-Chem. P. Kampa, Bonn

I. Beitrag zur flammenphotometrischen Bestimmung des Calciums

Dr.-Ing. Kamillo Konopicky, Bonn

II. Die Wanderung von Schlackenbestandteilen in feuerfesten Baustoffen

1955. 37 Seiten, 10 Abb., 5 Tabellen. DM 11,—

HEFT 180

Dr.-Ing. Werner Piepenburg,
Dipl.-Ing. Bodo Bühling und Bau-Ing. Johannes Behnke, Köln

Putzarbeiten im Hochbau und Versuche mit aktiviertem Mörtel und mechanischem Mörtelauftrag

1955. 103 Seiten, 31 Abb., 68 Tabellen. DM 23,—

HEFT 213

Dipl.-Ing. K. F. Rittinghaus, Institut für elektrische Nachrichtentechnik der Rhein.-Westf. Technischen Hochschule Aachen

Zusammenstellung eines Meßwagens für Bau- und Raumakustik

1957. 87 Seiten, 17 Abb., 7 Tabellen. DM 19,80

HEFT 223

Dr.-Ing. Kurt Alberti und
Dr. phil. habil. Franz Schwarz, Forschungslaboratorium des Bundesverbandes der Deutschen Kalkindustrie e. V., Köln

Über das Problem Hartbrand-Weichbrand

1956. 43 Seiten, 25 Abb., 14 Tabellen. DM 12,10

HEFT 231

Oberregierungsrat Dr.-Ing. W. Küch, Deutsche Gesellschaft für Holzforschung e. V., Stuttgart

Über die Wechselwirkung zwischen Holzschutzbehandlung und Verleimung

1956. 38 Seiten, 10 Abb., 8 Tabellen. DM 10,40

HEFT 250

Dozent Dr. phil. habil. Franz Schwarz und
Dr.-Ing. Kurt Alberti, Forschungslaboratorium des Bundesverbandes der Deutschen Kalkindustrie e. V., Köln

Entwicklung von Untersuchungsverfahren zur Gütebeurteilung von Industriekalken

1956. 23 Seiten, 9 Abb., 4 Tabellen. DM 16,50

HEFT 266

Fliesen-Beratungsstelle Bad Godesberg-Mehlem

Güteeigenschaften keramischer Wand- und Bodenfliesen und deren Prüfmethoden

1956. 21 Seiten. DM 7,10

HEFT 319

Prof. Dr. phil. Carl Kröger, Institut für Brennstoffchemie der Rhein.-Westf. Technischen Hochschule Aachen

Gemengereaktionen und Glasschmelze

1956. 109 Seiten, 53 Abb., 16 Tabellen. DM 26,—

HEFT 370

Dozent Dr. phil. habil. Franz Schwarz, Köln

Physikochemische Grundlagen der Bildsamkeit von Kalken unter Einbeziehung des Begriffes der aktiven Oberfläche

1958. 90 Seiten, 14 Abb., 16 Tabellen, 36 Titrationen. DM 25,10

HEFT 398

Prof. Dr. phil. nat. habil. Hans-Ernst Schwiete und
Dipl.-Ing. Günter Geisdorf, Aachen

Einlagerungsversuche an synthetischem Mullit Teil I

Prof. Dr. phil. nat. habil. Hans-Ernst Schwiete
Master of Science Arun Kumar Bose und
Dr. phil Hermann Müller-Hesse, Aachen

Die Zusammensetzung der Schmelzphase in Schamottesteinen Teil I

1957. 45 Seiten, 17 Abb., 17 Tabellen. DM 14,50

HEFT 399

Prof. Dr. phil. nat. habil. Hans-Ernst Schwiete und
Dr.-Ing. Reinhard Vinkeloe, Aachen

Möglichkeiten der quantitativen Mineralanalyse mit dem Zählrohrgerät unter besonderer Berücksichtigung der Mineralgehaltsbestimmung von Tonen

1958, 88 Seiten, 34 Abb., 1 Tabelle. DM 26,70

HEFT 402

Prof. Dr. Werner Linke Aachen

Die Wärmeübertragung durch Thermopane-Fenster

1958, 29 Seiten, 17 Abb., 2 Tabellen. DM 10,80

HEFT 430

Prof. Dr. Georg Garbotz und Dr.-Ing. Gerhard Dress, Institut für Baumaschinen und Bauarbeiten der Rhein.-Westf. Technischen Hochschule Aachen

Untersuchungen über das Kräftespiel an Flachbagger-Schneidwerkzeugen in Mittelsand und schwach bindigem, sandigem Schluff unter besonderer Berücksichtigung der Planierschilde und ebenen Schürfkübelschneiden

1958. 142 Seiten, 81 Abb. DM 37,50

HEFT 453

Forschungsinstitut der Feuerfest-Industrie, Bonn

Die Arbeiten der technisch-wissenschaftlichen Kommission der PRE (Vereinigung der europäischen Feuerfest-Industrie)

1957. 50 Seiten, 2 Abb., 18 Tabellen. DM 14,75

HEFT 454

Dr.-Ing. Werner Piepenburg, Dipl.-Ing. Bodo Bühling und Bau-Ing. Johannes Behnke, Forschungslaboratorium des Bundesverbandes der Deutschen Kalkindustrie e. V., Köln

Haftfestigkeit der Putzmörtel

1958. 115 Seiten, 6 Abb., 63 Tabellen. DM 28,30

HEFT 482
Dipl.-Ing. Rudolf Pels-Leusden und
Dr. Karl Bergmann, Prüf-Forschungsinstitut für Ziegelerzeugnisse e. V., Essen-Kray
Die Frostbeständigkeit von Ziegeln; Einflüsse der Materialzusammensetzung und des Brandes
1958. 70 Seiten, 31 Abb., 5 Tabellen. DM 20,45

HEFT 484
Prof. Dr. phil. nat. habil. Hans-Ernst Schwiete und
Dr. Gisela Franzen, Institut für Gesteinshüttenkunde der Rhein.-Westf. Technischen Hochschule Aachen
Beitrag zur Struktur des Montmorillonit
1958. 74 Seiten, 23 Abb. DM 22,—

HEFT 488
Prof. Dr. phil. nat. habil. Hans-Ernst Schwiete und
Dipl.-Chem. Heribert Westmark, Institut für Gesteinshüttenkunde der Rhein.-Westf. Technischen Hochschule Aachen
Beitrag zur Kennzeichnung der Texturen von Schamottesteinen
1958. 48 Seiten, 32 Abb., 7 Tabellen. DM 16,80

HEFT 528
Dipl.-Chem. Dr. Paul Ney, Forschungslaboratorium des Bundesverbandes der Deutschen Kalkindustrie e. V., Köln
Physikochemische Grundlagen der Bildsamkeit von Kalken unter Einbeziehung des Begriffs der aktiven Oberfläche
1958. 80 Seiten, 30 Abb., 6 Tabellen. DM 26,75

HEFT 543
Prof. Dr. phil. nat. habil. Hans-Ernst Schwiete,
Dr. phil. Hermann Müller-Hesse und
Dipl.-Ing. Günter Gelsdorf, Institut für Gesteinshüttenkunde der Rhein.-Westf. Technischen Hochschule Aachen
Einlagerungsversuche an synthetischem Mullit Teil II
1958. 28 Seiten, 5 Abb., 10 Tabellen. DM 10,—

HEFT 544
Prof. Dr. phil. nat. habil. Hans-Ernst Schwiete,
Dr.-Ing. Arun Kumar Bose und
Dr. phil. Hermann Müller-Hesse, Institut für Gesteinshüttenkunde der Rhein.-Westf. Technischen Hochschule Aachen
Die Schmelzphase in Schamottesteinen. Teil II
1958. 30 Seiten, 9 Abb., 12 Tabellen. DM 11,—

HEFT 545
Prof. Dr. phil. nat. habil. Hans-Ernst Schwiete,
Dr. rer. nat. Günther Ziegler und
Dipl.-Ing. Christoph Kliesch, Institut für Gesteinshüttenkunde der Rhein.-Westf. Technischen Hochschule Aachen
Thermochemische Untersuchungen über die Dehydration des Montmorillonits
1958. 48 Seiten, 16 Abb., 4 Tabellen. DM 15,40

HEFT 553
Prof. Dr. Georg Garbotz und
Dipl.-Ing. Josef Theiner, Institut für Gesteinshüttenkunde der Rhein.-Westf. Technischen Hochschule Aachen
Untersuchungen der statischen Walzverdichtungsvorgänge mit Glattwalzen und Vergleiche mit Ergebnissen aus Versuchen mit dynamischen Verdichtungsgeräten
1959. 286 Seiten, 208 Abb. DM 58,—

HEFT 559
Prof. Dr. phil. nat. habil. Hans-Ernst Schwiete und
Dipl.-Chem. Rainer Gauglitz, Institut für Gesteinshüttenkunde der Rhein.-Westf. Technischen Hochschule Aachen
Die Verflüssigung von Montmorillonitschlämmen
1958. 65 Seiten, 15 Abb., 5 Tabellen. DM 19,30

HEFT 634
Prüf- und Forschungsinstitut für Ziegeleierzeugnisse e. V., Essen-Kray
Verminderung der Streuungen der Masse, der Festigkeit und der Sprödigkeit von Ziegeln
1958. 93 Seiten, 36 Abb., 18 Tabellen. DM 24,30

HEFT 643
Max-Planck-Institut für Silikatforschung, Würzburg
Anisotropiemessungen an Schleifkörpern
1958. 38 Seiten, 22 Abb. DM 11,70

HEFT 651
Dr.-Ing. Albrecht Eisenberg, Staatliches Materialprüfungsamt Nordrhein-Westfalen Dortmund
Versuche zur Körperschalldämmung in Gebäuden
1958. 26 Seiten, 20 Abb. DM 8,10

HEFT 688
Prof. Dr. phil. nat. habil. Hans-Ernst Schwiete und
Dipl.-Ing. Arnulf Schüffler, Institut für Gesteinshüttenkunde der Rhein.-Westf. Technischen Hochschule Aachen
Entwicklung einer elektrisch beheizten Apparatur zur Messung von Wärmeleitfähigkeiten feuerfester Materialien bei hohen Temperaturen
1959. 41 Seiten, 16 Abb. DM 11,60

HEFT 689
Prof. Dr. phil. nat. habil. Hans-Ernst Schwiete und
Dipl.-Chem. Heribert Westmark, Institut für Gesteinshüttenkunde der Rhein.-Westf. Technischen Hochschule Aachen
Die Wärmeleitfähigkeit feuerfester Steine im Spiegel der Literatur
1949. 54 Seiten, 35 Abb. DM 16,30

HEFT 695
Dr.-Ing. Walter Herding, München
Die Fahrdynamik und das Arbeitsspiel gleisloser Erdbaugeräte als Kalkulationsgrundlage für die Bodenförderung und ihre Kosten
1960. 178 Seiten, 89 Abb., 18 Tabellen. DM 49,—

HEFT 711

Dr.-Ing. Kurt Alberti, Forschungslaboratorium des Bundesverbandes der Deutschen Kalkindustrie e. V., Köln

Einfluß der chemischen Zusammensetzung des Anmachewassers auf die Festigkeit von Kalkmörteln

1959. 50 Seiten, 4 Abb., 20 Tabellen. DM 13,10

HEFT 713

Dr.-Ing. Ernst Menzenbach, Institut für Verkehrswasserbau, Grundbau und Bodenmechanik der Rhein.-Westf. Technischen Hochschule Aachen

Die Anwendbarkeit von Sonden zur Prüfung der Festigkeitseigenschaften des Baugrundes

1959. 215 Seiten, 190 Abb., 24 Tabellen. Vergriffen

HEFT 734

Institut für Bauforschung e. V., Hannover

Arbeitstechnische und arbeitsphysiologische Untersuchungen zur Erleichterung der Maurerarbeit

1959. 55 Seiten, 15 Abb., 7 Anlagen, 20 Tabellen. DM 15,60

HEFT 843

Dipl.-Chem. Wolfgang Schmidt,
Dipl.-Chem. Emil Köhler und
Dipl.-Ing. Wilhelm Schmidt, Forschungsinstitut der Feuerfest-Industrie, Bonn

Flammenspektrometrische Alkalibestimmung im Korund

1960. 13 Seiten, 2 Abb., 1 Tabelle. DM 5,50

HEFT 844

Prof. Dr.-Ing. Otto Kienzle und
Dipl.-Ing. Klaus Greiner, Hannoversches Forschungsinstitut für Fertigungsfragen e. V., Technische Hochschule Hannover

Festigkeitsuntersuchungen an Klebverbindungen zwischen Schleif- und Tragkörpern

1960. 125 Seiten, 48 Abb., 10 Tabellen, 20 Anlagen. DM 35,—

HEFT 859

Prof. Dr. phil. nat. habil. Hans-Ernst Schwiete und
Dr.-Ing. Rolf Baur, Aachen

Hydrothermalsynthese und Strukturuntersuchung an synthetischem Montmorillonit

1960. 104 Seiten, 44 Abb., 29 Tabellen. DM 28,70

HEFT 903

Prof. Dr.-Ing. Bernhard Renfert †,
Baurat Dipl.-Ing. Karl Heisig und
Dipl.-Ing. Josef Thelen, Lehrstuhl für Straßenbau, Erd- und Tunnelbau der Rhein.-Westf. Technischen Hochschule Aachen

Untersuchungen über Bodenverfestigung des Untergrunds zur Feststellung der technischen und wirtschaftlichen Auswirkungen auf den Unterbau bzw. auf die Straßenbetonfahrbahnplatten sowie Untersuchungen flexibler Deckenkonstruktionen auf verschiedenen Unterbauarten

1960. 136 Seiten, 62 Abb., 15 Anlagen, 10 Tabellen. DM 39,10

HEFT 910

Prof. Dr.-Ing. habil. Kurt Walz, Forschungsinstitut der Zementindustrie, Düsseldorf

Der Einfluß einer Wärmebehandlung auf die Festigkeit von Beton aus verschiedenen Zementen

1960. 39 Seiten, 17 Abb., 5 Tabellen. DM 12,60

HEFT 921

Dr.-Ing. Kamillo Konopicky und
cand. phys. Karl Wohlleben, Forschungsinstitut der Feuerfest-Industrie, Bonn

Untersuchungen zum Gang des Torsionsmoduls mit der Temperatur an Wannensteinen

1960. 23 Seiten, 10 Abb., 4 Tabellen. DM 8,40

HEFT 948

Prof. Dr. phil. nat. habil. Hans-Ernst Schwiete und
Dipl.-Ing. Udo Ludwig, Institut für Gesteinshüttenkunde der Rhein.-Westf. Technischen Hochschule Aachen

Der Tuff, seine Entstehung und Konstitution und seine Verwendung im Baugewerbe im Spiegel der Literatur

1961. 68 Seiten, 8 Abb., 20 Tabellen. DM 18,80

HEFT 956

Prof. Dr. phil. nat. habil. Hans-Ernst Schwiete,
Dipl.-Ing. Udo Ludwig und
Dipl.-Ing. Karl-Heinz Wigger, Institut für Gesteinshüttenkunde der Rhein.-Westf. Technischen Hochschule Aachen

Die Konstitution einiger rheinischer und bayrischer Trasse

1961. 44 Seiten, 17 Abb., 14 Tabellen. DM 13,40

HEFT 977

Dr.-Ing. Gottfried Kronenberger, Institut für Baumaschinen und Baubetrieb der Rhein.-Westf. Technische Hochschule Aachen

Untersuchungen über die Verdichtungswirkung und das Arbeitsverhalten eines Einmassenrüttlers auf Schotter und Kiessand zur Ermittlung der maßgeblichen Einflußgrößen bei der Rüttelverdichtung

1961. 96 Seiten, 36 Abb., 17 Tafeln, 7 Tabellen. DM 27,70

HEFT 978

Prof. Dr. phil. nat. habil. Hans-Ernst Schwiete und
Dipl.-Ing. Udo Ludwig, Institut für Gesteinshüttenkunde der Rhein.-Westf. Technischen Hochschule Aachen

Das Verhalten von rheinischem und bayrischem Trass in hydraulischen Bindemitteln

1961. 82 Seiten, 27 Abb., 25 Tabellen. DM 24,70

HEFT 979

Prof. Dr. phil. nat. habil. Hans-Ernst Schwiete und
Dipl.-Ing. Udo Ludwig, Institut für Gesteinshüttenkunde der Rhein.-Westf. Technischen Hochschule Aachen

Die Bindung des freien Kalkes und die bei den Trass-Kalk-Reaktionen entstehenden Neubildungen

1961. 59 Seiten, 18 Abb., 13 Tabellen. DM 18,—

HEFT 995
Prof. Dr.-Ing. Hermann Reiher und
Dr. phil. Dietrich von Soden, Institut für technische Physik der Fraunhofer-Gesellschaft, Stuttgart
Einfluß von Erschütterungen auf Gebäude
1961. 45 Seiten, 11 Abb. DM 13,90

HEFT 998
Prof. Dr. phil. nat. habil. Hans-Ernst Schwiete,
Dr. phil. Hermann Müller-Hesse und
Dipl.-Chem. John Egon Planz, Institut für Gesteinshüttenkunde der Rhein.-Westf. Technischen Hochschule Aachen
Untersuchungen über Festkörperreaktionen im System $BaO—Al_2O_3—SiO_2$ mit Hilfe der Infrarot-Spektroskopie
1961. 169 Seiten, 82 Abb., 32 Tabellen. DM 49,—

HEFT 1005
Prof. Dr.-Ing. habil. Kurt Walz, Dr.-Ing. Justus Bonzel, Forschungsinstitut der Zementindustrie, Düsseldorf
Festigkeitsentwicklung verschiedener Zemente bei niederer Temperatur
1961. 42 Seiten, 25 Abb., 7 Tabellen. DM 15,10

HEFT 1012
Dr. rer. pol. Theo Beckermann,
Dipl.-Kfm. Meinolf Wulff, Rheinisch-Westfälisches Institut für Wirtschaftsforschung, Essen
Entwicklung und Situation des Baumarktes
1961. 119 Seiten, 5 Abb., 10 Tabellen.
Strukturtabellen 1–35. DM 34,10

HEFT 1026
Prof. Dr. phil. nat. habil. Hans-Ernst Schwiete und
Dipl.-Chem. Hans Georg Ritt, Institut für Gesteinshüttenkunde der Rhein.-Westf. Technischen Hochschule Aachen
Beitrag zur Konstitution und Wirkungsweise plastifizierender und lufteinführender Betonzusatzmittel
1962. 58 Seiten, 23 Abb., 5 Tabellen. DM 19,90

HEFT 1047
Prof. Dr.-Ing. habil. Kurt Walz und
Dr.-Ing. Gerd Wischers, Forschungsinstitut der Zementindustrie, Düsseldorf
Beton als Strahlenschutz für Kernreaktoren
1961. 51 Seiten, 17 Abb., 6 Tabellen. DM 18,70

HEFT 1048
Dr.-Ing. Kamillo Konopicky, Dr. Ingeborg Patzak und Dipl.-Phys. Karl Wohlleben, Forschungsinstitut der Feuerfest-Industrie, Bonn
Über den Glasanteil in Silikatsteinen
1961. 25 Seiten, 6 Abb., 7 Tabellen. DM 11,—

HEFT 1076
Prof. Dr. phil. nat. habil. Hans-Ernst Schwiete,
Dr. Rainer Gauglitz, Dipl.-Ing. Christoph Ackermann, Institut für Gesteinshüttenkunde der Rhein.-Westf. Technischen Hochschule Aachen
Der Einfluß der Art, der Korngröße und der Kationenbelegung von Montmorillonit auf sein thermochemisches Verhalten
1962. 49 Seiten, 23 Abb., 5 Tabellen. DM 21,80

HEFT 1077
Prof. Dr. phil. nat. habil. Hans-Ernst Schwiete,
Dr. phil. Hermann Müller-Hesse und
Dipl.-Chem.-Ing. Oktay Tekin Orhun, Institut für Gesteinshüttenkunde der Rhein.-Westf. Technischen Hochschule Aachen
Über die Stabilität der Mineralien Kyanit, Andalusit und Sillimanit
1962. 67 Seiten, 24 Abb., 10 Tabellen. DM 31,60

HEFT 1090
Dr.-Ing. Kamillo Konopicky,
Dipl.-Chem. Emil Karl Köhler und
Dr.-Ing. Wilhelm Lohre, Forschungsinstitut der Feuerfest-Industrie, Bonn
Aufbau und Eigenschaften des Kanalisationssteinzeugrohres
Einfluß der Rohstoffe und Herstellungsbedingungen
1962. 85 Seiten, 53 Abb., 15 Tabellen. DM 46,—

HEFT 1096
Dr.-Ing. Kamillo Konopicky,
Dipl.-Chem. Emil Karl Köhler, Forschungsinstitut der Feuerfest-Industrie, Bonn
Die Veränderung der keramisch-technologischen Eigenschaften und des Mineralaufbaues verschiedener Tone beim Brennen
1962. 46 Seiten, 23 Abb., 3 Tabellen. DM 27,50

HEFT 1186
Prof. Dr. phil. nat. habil. Hans-Ernst Schwiete und
Dipl.-Ing. Friedrich-Carl Dölbor, Institut für Gesteinshüttenkunde der Rhein.-Westf. Technischen Hochschule Aachen
Einfluß der Abkühlungsbedingungen und der chemischen Zusammensetzung auf die hydraulischen Eigenschaften von Hämatitschlacken
1963. 119 Seiten, 52 Abb., davon 1 Abb. farbig,
18 und 38 Tabellen. DM 59,60

HEFT 1241
Dr.-Ing. Kamillo Konopicky, Forschungsinstitut der Feuerfest-Industrie, Bonn
Über die Zonenbildung bei der Reaktion von Glas mit feuerfesten Steinen, vorzugsweise Schamotte-Wannensteinen
1963. 43 Seiten, 23 Abb., 1 Tabelle. DM 22,50

HEFT 1288
Prof. Dr. phil. nat. habil. Hans-Ernst Schwiete und
Dipl.-Chem. Emil Karl Köhler, Institut für Gesteinshüttenkunde der Rhein.-Westf. Technischen Hochschule Aachen
Über Aufbau, Eigenschaften und Prüfmethoden feuerfester Mörtel
1964. 136 Seiten, 73 Abb., 19 Tabellen. DM 67,—

HEFT 1299

Prof. Dr. phil. nat. habil. Hans-Ernst Schwiete und Dr.-Ing. Helmut Neises, Institut für Gesteinshüttenkunde der Rhein.-Westf. Technischen Hochschule Aachen

Untersuchungen über die Verschlackung von Schamotte-Pfannensteinen

1964. 125 Seiten, 52 Abb., 42 Tabellen. DM 62,50

HEFT 1321

Prof. Dr.-Ing. Wolfgang Triebel und Dipl.-Ing. Günter Meyerhoff, Institut für Bauforschung e. V., Hannover

Elemente und Maßstäbe der Produktivität

1964. 38 Seiten. DM 15,20

HEFT 1322

Prof. Dr.-Ing. Wolfgang Triebel und Dipl.-Ing. Erichbernd Brocher, Institut für Bauforschung e. V., Hannover

Wirtschaftlichkeit der Vorfertigung bestimmter Elemente im Hochbau

1964. 50 Seiten, 17 Abb., 4 Tabellen. DM 23,—

HEFT 1323

Obering. Gerhard Piltz, Institut für Ziegelforschung Essen e. V., Essen-Kray

Untersuchung der Möglichkeiten der Aufhellung der Brennfarben von Ziegelrohstoffen

1964. 44 Seiten, 9 Abb., 15 Tabellen. DM 18,80

HEFT 1336

Prof. Dr. phil. nat. habil. Hans-Ernst Schwiete und Dipl.-Ing. Claus Metzger, Institut für Gesteinshüttenkunde der Rhein.-Westf. Technischen Hochschule Aachen.

Methoden zur Untersuchung des Fließverhaltens von feuerfesten Baustoffen bei hohen Temperaturen

1964. 28 Seiten, 12 Abb. DM 15,30

HEFT 1337

Prof. Dr. phil. nat. habil. Hans-Ernst Schwiete und Karl-Heinz Karsch, Institut für Gesteinshüttenkunde der Rhein.-Westf. Technischen Hochschule Aachen

Einfluß der Vorbehandlung auf das chemische und mechanische Verhalten binärer Alkaliboratgläser

1964. 37 Seiten, 22 Abb., 3 Tabellen. DM 19,—

HEFT 1338

Dr.-Ing. Hans-Joachim Crasemann, Dr.-Ing. Manfred Meyer, Untersuchungen durchgeführt im Jahre 1960 am Institut für Werkzeugmaschinen und Umformtechnik Technische Hochschule Hannover
(Leiter: Prof. Dr.-Ing. Dr.-Ing. E. h. O. Kienzle)
im Auftrage der Forschungsgemeinschaft Schleifscheiben Beuel

Der Verschleiß an Preßformen bei der Herstellung von Schleifkörpern

1964. 42 Seiten, 19 Abb., 2 Tabellen. DM 24,80

HEFT 1339

Prof. Dr. A. Dietzel, Max-Planck-Institut für Silikatforschung Würzburg, im Auftrage der Deutschen Keramischen Gesellschaft e. V., Bad Honnef

Untersuchungen über die Spannungsverteilung im System Mörtel-Scherben-Glasur bei angelegten Wandplatten

In Vorbereitung

HEFT 1341

Prof. Dr. phil. nat. habil. Hans-Ernst Schwiete, Dr. phil. Hermann Müller-Hesse und Dipl.-Ing. Ehrhardt Wilkendorf, Institut für Gesteinshüttenkunde der Rhein.-Westf. Technischen Hochschule Aachen

Untersuchungen an Al_2O_3 : SiO_2-Mineralien als Rohstoffe für feuerfeste Erzeugnisse

1964, 53 Seiten, 26 Abb., 13 Tabellen. DM 28,—

HEFT 1342

Dipl.-Chem. Dr. Paul Ney, Forschungslaboratorium des Bundesverbandes der Deutschen Kalkindustrie e. V., Köln-Raderthal

Einfluß der Zusammensetzung der flüssigen Phase beim Löschvorgang auf die Plastizitätseigenschaften des Kalkes nach Emley

1964, 57 Seiten, 7 Abb., 28 Tabellen. DM 25,40

HEFT 1343

Prof. Dr.-Ing. habil. Adolf Dietzel, Direktor des Max-Planck-Instituts für Silikatforschung, Würzburg

Untersuchungen über das Schnellkühlverfahren bei Steinzeug.

Gefügeaufbau des Scherbens von Isolatorenporzellan

1964. 16 Seiten, 3 Abb. DM 8,90

HEFT 1345

Dipl.-Ing. Herbert Menkhoff, Institut für Baumaschinen und Baubetrieb der Rhein.-Westf. Technischen Hochschule Aachen

Raumgewichtsbestimmung mit radioaktiven Isotopen

1964. 96 Seiten, 62 Abb., 14 Tabellen. DM 51,50

HEFT 1346

Dr.-Ing. Armin Horn, Institut für Verkehrswasserbau, Grundbau und Bodenmechanik der Rhein.-Westf. Technischen Hochschule Aachen

Die Scherfestigkeit von Schluff

1964, 293 Seiten, 150 Abb., 1 Tabelle. DM 112,—

HEFT 1351

Obering. Gerhard Piltz, Institut für Ziegelforschung Essen e.V., Essen-Kray

Vergleich der in der Grobkeramik angewandten Untersuchungsmethoden in bezug auf ihre Aussage über technologisches Verhalten der Rohstoffe und der Eigenschaften der daraus gefertigten Erzeugnisse

1964. 64 Seiten, 15 Abb., 19 Anlagen, 7 Tabellen. DM 31,—

HEFT 1378
Rheinisch-Westfälisches Institut für Wirtschaftsforschung, Essen
Öffentliche Hand und Baumarkt — Voraussetzungen und Möglichkeiten einer Koordinierung
1964. 56 Seiten, 3 Schaubilder, 1 Tabelle. DM 19,50

HEFT 1380
Dipl.-Phys. Karl Wohlleben, Forschungsinstitut der Feuerfest-Industrie Bonn
Studien zur Anwendbarkeit der Röntgen-fluoreszenzanalyse für die quantitative Analyse
Röntgenfluoreszenzanalyse von tonerdereichen Substanzen

HEFT 1382
Prof. Dr.-Ing. Dr. h. c. Herwart Opitz, Dozent Dr.-Ing. Janez Peklenik und Dipl.-Ing. Wilhelm Ernst, Laboratorium für Werkzeugmaschinen und Betriebslehre der Rhein.-Westf. Technischen Hochschule Aachen
Im Auftrag des Vereins Deutscher Schleifmittelwerke e.V. Forschungsgemeinschaft Schleifscheiben, Beuel a. Rh.
Untersuchung der Härte von Schleifkörpern
1964. 57 Seiten, 35 Abb., 2 Tabellen. DM 29,80

HEFT 1383
Dr.-Ing. Kamillo Konopicky, Dr.-Ing. Wilhelm Lohre und Gerald Routschka, Forschungsinstitut der Feuerfest-Industrie, Bonn
Zur Frage des synthetischen Mullits
1964. 69 Seiten, 19 Abb., 16 Tabellen. DM 35,40

HEFT 1386
Architekt Karl Richard Kräntzer unter Mitwirkung von Rolf Heitmann, Institut für Bauforschung e. V., Hannover
Leiter: Prof. Dr.- Ing. Wolfgang Triebel
Preisindex und Baukosten im Wohnungsbau. Einflüsse auf Aufwand und Baukosten und ihre Auswirkung auf die Anwendungsmöglichkeiten der Baupreisindices für Preis- und Kostenvergleiche
1964. 84 Seiten, 6 Abb., 15 Tabellen, 7 Anlagen. DM 43,—

HEFT 1392
Prof. Dr. phil. nat. habil. Hans-Ernst Schwiete und Dipl.-Chem. Egid M. M. G. Niel, Institut für Gesteinshüttenkunde der Rhein.-Westf. Technischen Hochschule Aachen
Untersuchungen über die Reaktionen im System Klinker-Sulfat-Wasser in den ersten Minuten nach der Wasserzugabe
1964. 152 Seiten, 128 Abb., 37 Tabellen. DM 93,80

HEFT 1412
Dipl.-Chem. E. Benkel, Institut für Fußbodenforschung und -materialprüfung der Fraunhofer-Gesellschaft zur Förderung der angewandten Forschung e. V., Bonn
Einbau organischer Körper in die Oberfläche von Steinholzbelägen zur Erhöhung der Güteeigenschaften
In Vorbereitung

HEFT 1427
Prof. Dr. phil. nat. habil. Hans-Ernst Schwiete und Dipl.-Ing. Heinz Klein, Institut fur Gesteinshüttenkunde der Rhein.-Westf. Technischen Hochschule Aachen
Über Verformungsmessungen an feuerfesten Materialien unter hohen statischen, dynamischen und thermischen Beanspruchungen
1965. 118 Seiten, 98 Abb., 2 Tabellen. DM 61,80

HEFT 1441
Prof. Dr. phil. nat. habil. Hans-Ernst Schwiete Dipl.-Ing. P. Kastanja und Dr.-Ing. U. Ludwig, Institut für Gesteinshüttenkunde der Rhein.-Westf. Technischen Hochshule Aachen
Das mörteltechnische und chemische Verhalten verschiedener Trasse und Gesteinsmehle in Verbindung mit Kalk in wäßrigen Lösungen

HEFT 1449
Frau Prof. Dr. Eleanor Consten von Erdberg, Institut für Kunstgeschichte der Rhein.-Westf. Technischen Hochschule Aachen
Grundsätze des Wohnens im westlichen und östlichen Raum; Baustil und Bautechnik in Amerika und Japan
1964. 79 Seiten, 22 Abb. DM 33,—

HEFT 1451
Prof. Dr. phil. nat. habil. Hans-Ernst Schwiete und Dipl.-Ing. Friederich Ellies, Institut für Gesteinshüttenkunde der Rhein.-Westf. Technischen Hochschule Aachen
Untersuchungen über die Abriebfestigkeit keramisch gebundener und schmelzgegossener, feuerfester Steine bei hohen Temperaturen
In Vorbereitung

HEFT 1453
Günter Serwatzky, Forschungsinstitut der Feuerfest-Industrie e. V., Bonn
Die Bestimmung der Korngrößenverteilung von Tonmineralien

HEFT 1464
Prof. Dr.-Ing. Wolfgang Triebel und Rat.-Ing. Dirk Gerdes, Institut für Bauforschung e. V., Hannover
Energieersparnis durch Verbesserung des baulichen Wärmeschutzes
In Vorbereitung

HEFT 1467
Dr.-Ing. Hermann Christoffel, Institut für Baumaschinen und Baubetrieb der Rhein.-Westf. Technischen Hochschule Aachen
Das Verhalten von Schotter in Gleisbettungen
1964. 98 Seiten, 54 Abb., 10 Tabellen. DM 55,80

HEFT 1469
Dipl.-Chem. Dr. Paul Ney, Bundesverband der Deutschen Kalkindustrie e. V., Köln
Einfluß der Mörtelbestandteile und der Mörtelherstellung auf die Eigenschaften von Frischmörteln
In Vorbereitung

HEFT 1493

Dipl.-Chem. Dr. Paul Ney, Forschungslaboratorium des Bundesverbandes der Deutschen Kalkindustrie e. V., Köln-Raderthal

Erprobung einer Bestimmungsmethode für die Verbrennungsgeschwindigkeit fester Brennstoffe zur Herstellung von Branntkalk

1965. 33 Seiten, 9 Tabellen. DM 16,50

HEFT 1494

Ing. Helmut Erich Czabon, Batelle-Institut e. V., Frankfurt. Im Auftrage der Forschungsgemeinschaft Schleifscheiben im Verband Deutscher Schleifmittelwerke e. V., Bonn

Einwirkung von Kühlflüssigkeiten auf kunstharzgebundene Schleifkörper und Maßnahmen zur Erhaltung ihrer Ursprungshärte

1965. 24 Seiten, 7 Tabellen. DM 12,50

HEFT 1515

Prof. Dr. E. de Beer, Dr.-Ing. H. Graßhoff und Dr.-Ing. M. Kany, Institut für Verkehrswasserbau, Grundbau und Bodenmechanik der Rhein.-Westf. Technischen Hochschule Aachen

Leiter: Prof. Dr.-Ing. E. Schultze

Die Berechnung elastischer Gründungsbalken auf nachgiebigem Untergrund. Vergleichende Untersuchungen über den Einfluß der Steifigkeit der Hochbaukonstruktion, der Plattensteifigkeit und einer Überkragung auf die inneren Beanspruchungen der Grundplatte *In Vorbereitung*

HEFT 1537

Dr. Emil Karl Köhler und Gerald Routschka, Forschungsinstitut der Feuerfest-Industrie, Bonn

Brennverhalten von Tonen in verschiedenen Atmosphären *In Vorbereitung*

HEFT 1540

Dipl.-Chem. Dr. rer. nat. Joachim Ernst Quincke, Prüf- und Forschungsinstitut des Bundesverbandes Kalksandsteinindustrie e.V., Hannover

Im Auftrage des Fachverbandes Kalksandsteinindustrie Nordrhein-Westfalen e.V., Hannover

Untersuchung über den Mischvorgang zur Senkung des Kalkbedarfs und Steigerung der Steinqualität I. Teil: Laboratoriumsversuche

In Vorbereitung

HEFT 1541

Prof. Dr.-Ing. Kamillo Konopicky, Prof. Dr.-Ing. habil. Adolf Dietzel, Prof. Dr. Horst Saalfeld und Dr. rer. nat. Heribert J. Oel, Forschungsinstitut der Feuerfest-Industrie, Bonn

Vorgänge in der Grenzschicht zwischen feuerfestem Material und Glas bzw. Schlacke

Teil I: Eigenschaften der verwendeten feuerfesten Steine

Teil II: Vorgänge beim Angriff der Schlacken auf die Steine

In Vorbereitung

HEFT 1549

Prof. Dr. phil. nat. habil. Hans-Ernst Schwiete und Dipl.-Ing. Tohru Iwai, Institut für Gesteinshüttenkunde der Rhein.-Westf. Technischen Hochschule Aachen

Über die ferritische Phase im Zement und ihr Verhalten bei der Hydration

In Vorbereitung

HEFT 1550

Prof. Dr. phil. nat. habil. Hans-Ernst Schwiete, Dr.-Ing. Udo Ludwig und Dipl.-Ing. Peter Otto, Institut für Gesteinshüttenkunde der Rhein.-Westf. Technischen Hochschule Aachen

Der Einfluß der Molererde auf die technologischen Eigenschaften von klinkerarmen Hochofenzementen. Teil I

In Vorbereitung

HEFT 1551

Prof. Dr.-Ing. Kamillo Konopicky, Dr. Ingeborg Patzak und Heinz Dohr, Forschungsinstitut der Feuerfest-Industrie, Bonn

Untersuchungen zum Zweistoffsystem Al_2O_3—SiO_2

In Vorbereitung

Verzeichnisse der Forschungsberichte aus folgenden Gebieten können beim Verlag angefordert werden: Acetylen/Schweißtechnik – Arbeitswissenschaft – Bau/Steine/Erden – Bergbau – Biologie – Chemie – Eisenverarbeitende Industrie – Elektrotechnik/Optik – Energiewirtschaft – Fahrzeugbau/Gasmotoren – Farbe/Papier/Photographie – Fertigung – Funktechnik/Astronomie – Gaswirtschaft – Holzbearbeitung – Hüttenwesen/Werkstoffkunde – Kunststoffe – Luftfahrt/Flugwissenschaften – Luftreinhaltung – Maschinenbau – Mathematik – Medizin/Pharmakologie/NE-Metalle – Physik – Rationalisierung – Schall/Ultraschall – Schiffahrt – Textiltechnik/Faserforschung/Wäschereiforschung – Turbinen – Verkehr – Wirtschaftswissenschaft.

WESTDEUTSCHER VERLAG · KÖLN UND OPLADEN

567 Opladen/Rhld., Ophovener Straße 1–3

GPSR Compliance

The European Union's (EU) General Product Safety Regulation (GPSR) is a set of rules that requires consumer products to be safe and our obligations to ensure this.

If you have any concerns about our products, you can contact us on ProductSafety@springernature.com

In case Publisher is established outside the EU, the EU authorized representative is:

Springer Nature Customer Service Center GmbH
Europaplatz 3
69115 Heidelberg, Germany

Batch number: 10584556

Printed by Printforce, the Netherlands